# Gravitación y Energía Oscura

## JUAN CARLOS MARTINO

Gravitación y Energía Oscura.
La evidencia que cambiará el curso de la exploración de nuestro universo y la actitud para experimentar la vida.
Versión 1.

Printed by Create Space.

# LA
# EVIDENCIA

## QUE CAMBIARÁ EL CURSO DE LA EXPLORACIÓN DE NUESTRO UNIVERSO Y LA ACTITUD PARA EXPERIMENTAR LA VIDA

Mas allá del impacto en quienes exploran el proceso UNIVERSO y nuestra relación e interacción con él a través de las disciplinas racionales de Filosofía, Ciencias y Teología, el reconocimiento pleno del elemento de información energética primordial del proceso UNIVERSO tiene una importancia extraordinaria en el ser común, ordinario, simple, que se atreve a hacerse libre de los paradigmas que hoy le limitan y, o condicionan en nuestra civilización en la Tierra [Ref.(A).1] para hacer realidad el propósito primordial: simplemente disfrutar a plenitud el proceso existencial, la vida; propósito que estimula a todo ser consciente de sí mismo y de su atributo natural, inherente: su capacidad racional con poder de creación y de trascendencia de su entorno energético inmediato.

# CONTENIDO

# PRIMERA VERSIÓN

## A las nuevas generaciones de exploradores del proceso existencial del que los seres humanos somos un subespectro en desarrollo de nuestra integración consciente a él

A partir de dos reconocimientos fundamentales se inicia una nueva exploración racional del proceso existencial que se confirma plenamente en el proceso UNIVERSO.

El primer reconocimiento es el de un subdominio del espacio de referencia matemático que representa realmente a la dimensión primordial del hiperespacio energético multidimensional de naturaleza binaria sobre el que tiene lugar el proceso UNIVERSO.

El otro reconocimiento es el de la *hebra energética y operacional primordial* que se describe por una serie en el subdominio del espacio de referencia matemático que es análogo al hiperespacio energético en el que tiene lugar y opera la *hebra primordial*.

La *hebra energética y operacional primordial* es, respectivamente, el *arreglo energético trinitario primordial* y la interacción que tiene lugar en él, desde los que se inició y por los que continúa desarrollándose el proceso UNIVERSO, a partir de un entorno de energía disponible en una presencia eterna que ha sido reconocida y confirmada exhaustivamente por la ciencia.

La *hebra energética y operacional primordial* nos proporciona la relación entre los dos componentes de la unidad energética de naturaleza binaria: *masa y frecuencia* de las unidades de carga primordial; la relación entre el *espacio y el tiempo relativos*; y nos provee la relación energética fundamental entre los cambios del *potencial universal* y los cambios resultantes sobre los *sistemas energéticos trinitarios* cuya revisión podemos llevar a cabo partiendo de la versión que ahora conocemos como *momento* y expresamos por la relación M=m.v.

Para quienes se interesan por la disciplina racional de teología para explorar y cultivar nuestra relación con el proceso ORIGEN al que llamamos Dios, el aspecto fundamental es el mecanismo por el que toda la información existencial está al alcance del ser humano a través de nuestra mente. La mente del proceso SER HUMANO es un subespectro de la componente existencial consciente de sí misma, es decir, un subespectro de la mente de Dios.

# INTRODUCCIÓN

## Elemento de información energética primordial

### para el entendimiento del
### *Origen y Evolución del Universo*
### y la relación entre
### *Gravitación Primordial y Energía Oscura*

*La Teoría de Todo* o *Teoría Unificada* que busca un sector de la comunidad científica es una estructura racional que explique y relacione coherente y consistentemente todos los aspectos energéticos de nuestro universo, de su origen, evolución presente, y estado final; y, obviamente, que permita unificar todas las teorías sobre las que se desarrolla la modelación actual espacio-tiempo del proceso UNIVERSO, no solamente las teorías predominantes entre las que se destacan las teorías de *relatividad general del campo gravitacional* y la del *campo cuántico*.

**La Teoría de Todo es una modelación en un espacio matemático, en un espacio de referencia, de la estructura energética y el funcionamiento de nuestro universo que tiene lugar sobre un *campo primordial*, ya sea éste una distribución de sustancia primordial, de fluído primordial o de energía, en el que tienen lugar los campos de fuerzas universales, y entre**

ellos los *campos gravitacional y cuántico,* como componentes inseparables del *campo primordial* cuya naturaleza es binaria. La naturaleza binaria del proceso existencial, o del proceso UNIVERSO si nos limitamos a nuestro universo, está implícita en el modelo matemático espacio-tiempo de nuestro universo.

Finalmente contamos con el elemento de información energética fundamental para lograr este propósito y entender no sólo el origen y evolución del universo, en realidad de nuestro universo o del entorno del espacio de existencia que alcanzamos desde la Tierra, sino también para reconocer plenamente y entender el proceso ORIGEN que dio lugar a la energía disponible desde la que partió el proceso UNIVERSO, y la inteligencia o el algoritmo del proceso ORIGEN y el mecanismo por el que actuó sobre la presencia de esa energía.

Estos aspectos previos al proceso UNIVERSO, previos al Big Bang, han sido introducidos y sustentados en las referencias listadas en el Apéndice; material cuya revisión se sugiere hacer en el orden en que se encuentran listados.

El material disponible en las referencias detalla lo que describimos brevemente a continuación.

Un volumen cerrado de unidades de energía, de cargas primordiales de naturaleza binaria, "genera", o mejor dicho, tiene o adopta una configuración única, natural, de circulación en el volumen.

Esta configuración se confirma exhaustivamente en nuestro universo en los entornos de circulación por la convergencia de flujos de cambios de cargas; y en la Unidad Existencial el flujo desde todas las direcciones radiales espaciales[Refs.(A).3 y 4] da lugar a *la Unidad de Circulación Primordial,* al *Sistema Termodinámico Primordial* del que es componente el proceso UNIVERSO y de cuya estructura forman parte infinitas componentes o manifestaciones temporales, entre ellas todo lo que alcanzamos desde la Tierra, todo lo que llamamos nuestro universo.

*La Unidad de Circulación Primordial* es una compleja estructura multidimensional en dos subdominios energéticos trinitarios que, sin embargo, se "desarrolla" o tiene lugar alrededor de una simple estructura energética y operacional primordial cuya representación y descripción ya tenemos en nuestro dominio del proceso existencial.

Aquí vamos a ocuparnos del elemento de información fundamental que es resultado de la presencia de energía previa al Big Bang y de la inteligencia o algoritmo de proceso y del mecanismo de redistribución de la energía disponible; todo a nuestra disposición y que se confirma, precisa, inespeculada y exhaustivamente, en ese elemento de información fundamental para el establecimiento de todas las relaciones causa y efecto de la fenomenología energética universal experimentada en, y observada desde la Tierra. Este elemento de información está, sea explícita o implícitamente, en todas las relaciones causa y efecto, absolutamente en todas; incluso está en todas las variables y en las constantes de los términos de las expresiones matemáticas que describen las relaciones causa y efecto, en otras dimensiones de la variable que ahora tomamos como independiente, el tiempo, y en otras dimensiones de masa que ahora consideramos fundamentalmente constante, y hasta nula en algunas partículas elementales.

Este elemento de información, que se confirma exhaustiva e inespeculadamente en el proceso UNIVERSO del que nuestro universo es un componente temporal, es,
*La Hebra Energética y Operacional Primordial.*

*La Hebra Energética y Operacional Primordial* proviene de la inteligencia previa al Big Bang, de la inteligencia inherente a la Unidad Existencial o Universo Absoluto cuyo contenido eterno ya ha sido reconocido por la ciencia, aunque no su configuración en nuestro espacio-tiempo y mucho menos en el hiperespacio multidimensional de *naturaleza binaria.*

*La Hebra Energética y Operacional Primordial* es eso: la configuración energética que se establece y define por una interacción primordial que constituye el elemento de inteligencia energética por el que se rige *la configuración energética y operacional* de la Unidad Existencial, del Universo Ab-

**soluto.**

La particularidad de la *hebra energética y operacional primordial* es que ella es independiente de las dimensiones físicas, que son siempre finitas aunque inmensurables en sus extremos y solamente alcanzables racionalmente, a través de la mente; y es confirmable en nuestro dominio por la consolidación coherente y consistente de las observaciones y experiencias de sus efectos.

*La hebra energética y operacional primordial* en la dimensión de la Unidad Existencial da lugar al *Principio Primordial de Armonía* por el que se rige el proceso existencial, el proceso ORIGEN, y por el que se rigen sus componentes temporales, entre ellas el proceso UNIVERSO. Del *Principio Primordial de Armonía*, obviamente un principio de validez eterna, es parte el *Principio de Conservación de Energía* ya reconocido y descripto por sus componentes temporales; validez plena y exhaustivamente confirmada en nuestro entorno del proceso UNIVERSO. Al principio primordial, por su naturaleza eterna, se subordinan las leyes universales que sólo tienen validez temporal pues son funciones del tiempo.

Luego,

por una parte,

si deseamos reconocer y confirmar la configuración del *campo primordial* que permite la *Teoría de Todo*, campo sobre el que tienen lugar los campos de fuerzas universales, ahora contamos con el reconocimiento confirmado de la *hebra energética y operacional primordial;* hebra que es representada y descripta por una serie en nuestro espacio matemático de referencia.

Por su relevancia enfatizamos que,

*la hebra energética y operacional primordial*, estructura energética primordial y operacional fundamental situada en el *campo energético primordial* de la Unidad Existencial, en la dimensión energética primordial del hiperespacio de existencia, de la Unidad Existencial o Universo Absoluto, es descripta en un subdominio de nuestro espacio de referencia matemático; y ese subdominio de nuestro espacio de referencia matemático en el que se describe esa serie es absolutamente análogo al nivel elemental del hiperespacio energético multidimensional de naturaleza binaria.

La interacción energética, la operación o función que tiene lugar en la *hebra primordial,* nos determina la relación entre el espacio y el tiempo relativos; y nos provee la relación primordial que define la *aceleración del campo primordial* de la que depende la evolución de nuestro universo y la percepción del mismo, nuestra realidad aparente, pues afecta todo, incluyendo a nuestras referencias locales de masa y frecuencia (o su inversa, el período, el tiempo).

El *campo energético primordial* es el *campo gravitacional primordial* cuya modulación por un origen y mecanismo a nuestro alcance[Refs.(A).3 y 4] da lugar a dos dominios de energía: uno de ellos sobre el que nos encontramos inmersos, y el otro es el de energía oscura ("dark energy"). Esta modulación se origina en los dos entornos límites del hiperespacio multidimensional de naturaleza binaria. Unos de esos entornos límites es lo que hoy se interpreta y define como "agujero negro". El otro entorno es la periferia del hiperespacio energético donde el fluído primordial reacciona de una manera particular frente a la nada, a la no existencia fuera de ella.

Por otra parte,

si deseamos establecer la relación entre el *Principio de Conservación de Energía, PRINCIPIO ETERNO, INTEMPORAL,* y la *2ᵈᵃ Ley de la Termodinámica,* ley función del tiempo, necesitamos describir un principio intemporal por sus componentes temporales, algo que ya sabemos hacer en realidad y que hemos confirmado en nuestro universo, pero no lo hemos extendido al sistema del que nuestro universo es un componente temporal.

La *hebra energética y operacional primordial* nos permite reconocer el sistema binario del que nuestro universo es parte y validar la extensión de la descripción que ya sabemos hacer en nuestro entorno del proceso UNIVERSO, componente temporal del proceso ORIGEN. (NOTA: El proceso ORIGEN es de naturaleza binaria que tiene lugar sobre un arreglo trinitario del *campo primordial;* arreglo en el que a su vez se establecen dos subdominios trinitarios sobre los que se define la componente de interacciones que sustenta la FUNCIÓN EXISTENCIAL CONSCIENTE DE SÍ MISMA[Refs.(A).2, 3 y 4]).

Que nuestro universo es un proceso temporal no cabe duda. Todo en el universo evoluciona; incluso él mismo como unidad.

Todo en el universo se describe por una función del tiempo.

La Unidad Existencial que establece y sustenta el proceso O-RIGEN del que nuestro universo es un componente temporal, Unidad y proceso que se confirman coherente y consistentemente por todas las relaciones causa y efectos de nuestro entorno energético, se encuentra descripta en las referencias. El alcance completo del material cubierto por las referencias puede verse en el primer documento, referencia (A).1, *La Señal, Revolución en el paradigma científico y teológico de la especie humana en la Tierra.*

Como ya se mencionó, este documento se refiere particularmente al reconocimiento de la *Hebra Energética y Operacional Primordial* y su relación directa con el *campo de gravitación primordial* y la *energía oscura*; no obstante, se incluye una introducción al *Potencial Universal* y las *Ecuaciones Diferenciales Universales,* y una mención acerca de la Tierra como componente de un *sistema resonante universal*.

Se ha querido limitar esta presentación pues todo cuanto se ha dicho con respecto a la Unidad Existencial y el proceso o la interacción que en ella se establece y sustenta y que da lugar a la *hebra energética y operacional primordial*, se hace evidente una vez que se la reconoce a ésta en la serie matemática que la representa y describe en un subdominio binario del espacio matemático de referencia, después de haber reconocido la relación entre ese subdominio y el hiperespacio energético multidimensional de naturaleza binaria.

# PARTE 1

# La Hebra Energética y Operacional Primordial

Unidad Operacional del
*Sistema Termodinámico Primordial*


Unidad de Interacción del
Arreglo de Inteligencia de la Unidad
Existencial que define el *Principio Primordial
de Armonía* al que se describe por una Super
Serie Matemática

# I

# Unidad Existencial y proceso UNIVERSO

Tenemos el principio existencial absoluto, el proceso racional y la exhaustiva e inespeculable información provista por el proceso U-NIVERSO para confirmar lo que se resume a continuación.

## Resumen.

El proceso UNIVERSO es parte del proceso ORIGEN, del proceso de redistribución continua, incesante, que tiene lugar en la Unidad Existencial Absoluta cuya presencia eterna ha sido reconocida y confirmada. En la Unidad Existencial las interacciones entre dos subdominios energéticos definen una *hebra energética y operacional primordial* por la que se rige el proceso ORIGEN y las re-energizaciones, redistribuciones e interacciones entre todos sus componentes temporales, incluyendo nuestro universo. Esa *hebra energética* determina la aceleración de las redistribuciones en todos los entornos de la Unidad Existencial, y su *operación* tiene lugar sobre dos subdominios energéticos, uno de ellos es lo que llamamos *energía oscura*.

## Hebra Energética y Operacional Primordial.

## Sistema Termodinámico Primordial.

La convergencia de las redistribuciones de dos subdominios $D_1$ y $D_2$ de un dominio absoluto del fluído primordial definen un entorno de convergencia alrededor de un hiperanillo límite h$\Phi$ (o $h_1$ en las nuclearizaciones internas de la Unidad Existencial). Dominios se refieren a los rangos de valores de frecuencia de rotación de los elementos de sustancia primordial y las dimensiones de sus asociaciones[Ref.(A).4].

El *entorno de convergencia* es una distribución (k) de asociaciones que resulta de las interacciones de las redistribuciones convergentes a ambos lados de una banda Z$\Phi$ que eventualmente en las infinitas dimensiones energéticas puede ser desde un hiperanillo o una hebra simple (anillo de naturaleza binaria), hasta una hiperesfera.

**Esta banda de convergencia es el dominio material.**

**Sobre esta banda tiene lugar el *Sistema Termodinámico Primordial* que permite alcanzar, es decir, hacer realidad la**

*Teoría de Todo.*
La operación energética que sustenta esta banda de convergencia parte de una operación primordial que se describe por una serie matemática, por una secuencia de redistribuciones que tiene lugar en la primera dimensión del manto de fluído primordial, dimensión de la que es versión absolutamente válida un entorno del espacio de referencia matemático en el que se describe la serie.

## Configuración Natural de la Presencia Eterna del Manto de Fluído Primordial.

La *hebra operacional* describe la operación que tiene lugar en una *hebra energética* que resulta inevitable, inescapablemente de la presencia eterna de un colosal manto de cargas de naturaleza binaria; presencia eterna ya reconocida, descripta matemáticamente, y confirmada en los procesos UNIVERSO y SER HUMANO.

La distribución de circulación que toma el volumen de cargas binarias de la Unidad Existencial es inherentemente inteligente.

En el nivel primordial, elemental, en la *hebra energética y operacional primordial*, la inteligencia es la secuencia de operaciones que se describe en nuestro espacio de referencia por la serie matemática cuyo valor límite es la constante $\underline{e}$.

La *hebra energética* tridimensional en paralelo, la Unidad Existencial, tiene una configuración de circulación, la *hebra energética* lineal, en serie.

La no existencia fuera de $Z_{LÍM}$ provoca la configuración de dos subdominios de asociaciones del dominio o presencia de cargas binarias: los subdominios $D_1$ y $D_2$.

7

La interacción entre ambos [análogamente vistos como subdominios *Inversionista* ($D_1$) y *Mercado de Trabajo Local* ($D_2$) en la aplicación financiera, Secc. V] genera el cambio de circulación dado por el valor e. El valor e es la base de la función que relaciona el cambio de masa por período T de circulación durante el tiempo t de redistribución de la convergencia <u>frente a un cambio en la frecuencia de pulsación de la convergencia</u>.

**Lo que nos provee la *hebra operacional* descripta por la serie matemática es el <u>cambio de circulación, cambio de rapidez de asociación, que en nuestro dominio es cambio de aceleración</u> del campo primordial a lo largo de la *hebra energética ecuatorial h$\Phi$*.**

**La *hebra energética* no se genera; es una presencia eterna que sustenta el proceso descripto por la *hebra operacional*.**

Los subdominios <u>convergen con diferentes rapideces</u> debido a la geometría de la Unidad Existencial (hiperesfera). En el hiperespacio energético, en un subdominio de interacciones llegan a hacerse iguales las rapideces pero llegando al punto de igual velocidad con diferentes aceleraciones <u>en otro subdominio</u>, por lo que se invierte el proceso de convergencia a divergencia.

El *cambio de circulación* es cambio de rapidez; es *aceleración del campo de fluído primordial* en la estructura de circulación.

La aceleración, el gradiente de cambio de la distribución del campo de cargas primordiales es eso, rapidez de cambio del campo, y es visto por el efecto de cambio de velocidad relativa en otro subdominio energético sobre un móvil de prueba o bajo observación.

# II

# Hebra Energética y Operacional Primordial (Revisitación)

En esta sección se introduce la *hebra energética y operacional primordial* del proceso existencial, del proceso ORIGEN del que el proceso UNIVERSO es componente, luego de haberla reconocido desde nuestro dominio energético por un proceso racional inverso al que mencionamos en la introducción.

En la introducción dijimos de una vez que hay esta tal hebra, que es el elemento de inteligencia energética primordial que proviene de la inteligencia o algoritmo del proceso ORIGEN que dio lugar a nuestro universo, y que la confirmamos en la serie matemática que la representa y describe, serie cuyo valor límite resulta en la base de los logaritmos naturales, en la base de la relación primordial de la que se generan todas las funciones de redistribuciones energéticas del proceso existencial en todos sus entornos espacio-tiempo. Y allí enfatizamos en el *campo energético primordial* en el que tiene lugar la versión elemental de la hebra que se representa y describe en nuestro espacio matemático de referencia. Pero ahora hablamos del proceso inverso que nos debe llevar a la configuración inherentemente inteligente, a la Unidad de Circulación, desde la que proviene o se transfiere esa *estructura energética y operacional primordial* por la que puede tener lugar la consolidación coherente y consistente de todas las relaciones causa y efecto en todos los entornos espacio-tiempo del proceso existencial; consolidación por la que se confirma la configuración de la Unidad Existencial. Además, nos interesa participar la interacción que tiene lugar en todo momento, aunque hasta ahora es mayormente inconsciente, entre el proceso ORIGEN y los procesos UNIVERSO y SER HUMANO a través de la Mente Universal [Refs.(A).4, 6 y 7].

Este último aspecto, particularmente las interacciones entre los procesos ORIGEN y SER HUMANO, es importante para entender que el proceso racional es un subespectro del proceso ORIGEN, de la componente consciente de sí misma, de la FUNCIÓN EXISTENCIAL CONSCIENTE DE SÍ MISMA, Dios, que tiene lugar en la misma estructura TRINIDAD PRIMORDIAL sobre la que se define el *Sistema Termodinámico Primordial*; que el proceso SER HUMANO es una réplica a imagen y semejanza de la componente consciente de sí misma, de Dios; que el *Principio Primordial* por el que se define y rige a sí mismo el proceso ORIGEN, que rige al proceso UNIVERSO y nuestro proceso de conscientización, nos permite ver por qué las leyes universales, o mejor dicho las leyes que hemos alcanzado en nuestro entorno del universo, son válidas solamente en nuestro entorno aunque las expresiones matemáticas que las describen, y las que describen las relaciones causa y efecto, tienen una forma similar a la expresión general de la que provienen. Esa expresión general es la expresión que describe el *Principio Primordial de Armonía*. Al reconocer la estructura del manto de fluído primordial que define la característica que llamamos *Principio Primordial de Armonía*, fluído sobre el que tiene lugar el *campo primordial* y sus modulaciones, los campos de fuerzas universales, es que vemos por qué la validez de las leyes es solamente para el subespectro energético que se explora. Y sobre el *campo primordial* tienen lugar las interacciones del subespectro consciente de sí mismo, subespectro sobre el que se desarrollan las dos fuerzas del proceso de conscientización [Ref.(A).4, 6, 7].

NOTA.

La sección que sigue ha sido tomada de la Ref.(A).1.

Puesto que en el área de cosmología, del estudio del origen y desarrollo del universo, la ciencia busca una consolidación de las teorías con las que ahora resuelve o explica las manifestaciones en sus diferentes dominios energéticos o subespectros del proceso existencial, o proceso UNIVERSO por ahora,

¿Qué podría ser el punto de partida para resumir el proceso racional conducente a la *Teoría de Todo o Teoría Unificada* una vez que la hemos alcanzado, visualizado, y a través del resumen motivar la revisión por todos quienes por una razón u otra desean alcanzar la *Teoría Unificada,* o mejor aún, la Unidad Existencial y el *Principio Primordial* que rige el proceso existencial?

Hay obviamente un principio, un reconocimiento primordial que precede al proceso racional y que le sirve de guía u orientación a éste para relacionar todas las manifestaciones en nuestro dominio energético con ese principio, y así conformar la estructura de conocimiento, de información coherente y consistente desde los dos dominios energéticos del proceso existencial, o del proceso UNIVERSO por ahora: un dominio es el que alcanzamos con nuestros sentidos y la instrumentación, y el otro es el que alcanzamos con la mente, el dominio al que llamamos primordial.

Con lo anterior se quiere decir que hay un elemento de información primordial que rige un proceso de una recreación real del proceso existencial en nuestra mente, una vez que se ha reconocido ese elemento de información primordial. Es lo que ha ocurrido al reconocer el *Principo de Conservación de la Energía,* por el que luego se rigen los procesos racionales, los procesos de establecimiento de las relaciones causa y efecto de la fenomenología local observada o experimentada. Es lo que ocurriría ahora con aquéllos que reconocieran espontáneamente el *Principio Primordial de Armonía*[Refs.(A).1, 2, 3 y 4].

Pero aquí deseamos motivar desde algo que ya hemos experimentado, desde algo que sea la base fundamental del desarrollo presente de nuestras teorías actuales y del establecimiento de las expresiones racionales, matemáticas, con las que describimos las relaciones causa y efecto de la fenomenología energética que experimentamos en los diferentes subdominios o en las diferentes dimensiones energéticas de nuestro entorno del sistema solar y del universo que alcanzamos y exploramos por observación desde la Tierra.

¿Qué podría ser ese elemento de información fundamental que ya disponemos y que sea el iniciador en nuestra mente de la secuencia racional en armonía con la secuencia natural del proceso existencial... al que precisamente no conocemos?

El elemento de información fundamental para "resolver" o para alcanzar, hacer realidad la *Teoría de Todo* buscada, es la serie matemática cuyo valor límite es la constante $\underline{e}$, la base de los logaritmos naturales.

La constante $\underline{e}$ contiene en sí misma la información primordial para confirmar la Unidad Existencial, o el Universo Absoluto, y su configuración energética, su configuración espacio-tiempo que define a la Inteligencia de Vida y se manifiesta a sí misma como el *Principio Primordial* por el que se rige el proceso existencial consciente de sí mismo que se establece y sustenta en la Unidad Existencial, proceso del que el universo, nuestro universo, es un componente temporal.

Mejor expresado.

Habiendo reconocido la naturaleza energética de la serie matemática cuyo valor límite es $\underline{e}$, el número 2.718..., la *hebra energética* de la que la serie matemática es una representación en el espacio de referencia matemático, tiene toda la información que se necesita para confirmar la configuración de la *Hebra Primordial*, de la Unidad de Circulación que tiene lugar dentro de la Unidad Existencial, dentro de su volumen de cargas primordiales binarias que se generan por las redistribuciones de dos dominios de asociaciones del fluído primordial absoluto que convergiendo en un entorno definen la Unidad de Circulación. De esta Unidad de Circulación es parte el dominio material en el que se encuentra inmerso nuestro universo. El fluído primordial es alcanzable mentalmente, y es experimentado por sus efectos en el universo y en el ser humano.

Aún más.

La *hebra energética primordial* nos revela la relación entre el espacio absoluto y el tiempo primordial, entre las dos componentes inseparables de la variable primordial de naturaleza binaria.

El reconocimiento de la naturaleza energética de la serie matemática cuyo valor límite es la constante e no sólo tiene importancia fundamental para "resolver" el proceso UNIVERSO y reconocer la relación primordial entre espacio y tiempo, sino también para visualizar la interacción entre la Mente Universal y la del ser humano.

Ahora y antes que nada, antes de ir a una revisión de la *hebra energética y operacional primordial*, tengamos siempre en mente que no ha habido nunca una creación de un proceso existencial cuya eternidad ya ha sido reconocida y viene siendo confirmada exhaustivamente, sino una recreación de un componente temporal (nuestro universo) del proceso UNIVERSO,

*"No se crea lo que es eterno";*

*"Nada puede crearse de la nada";*

*"Crear es hacer realidad, en la dimensión energética en la que nos encontramos, al objeto de nuestra creación que ya existe en otra dimensión; o es hacer realidad una experiencia particular en nuestra estructura energética, a partir de una excitación dada (excitación que puede tener lugar en cualquiera de los dominios energéticos que alcanza la estructura trinitaria del ser humano, o que puede ser la circunstancia energética o social en la que se encuentra manifestado)".*

Ya sabemos describir un proceso eterno por sus componentes temporales.

Entonces, si ya sabemos describir un proceso eterno por sus componentes temporales, deberíamos partir de la versión que ya tenemos.

La versión que ya tenemos es una Serie de Fourier.

**Como sabemos, toda serie matemática es una secuencia de operaciones sobre un espacio de referencia representando operaciones, redistribuciones y, o intercambios energéticos.**

Un proceso o una función energética es una secuencia de operaciones, de interacciones, intercambios energéticos; es una *hebra operacional en el tiempo*.

Ahora bien.

Por una parte,

buscamos una *Teoría de Todo* para la que se requiere la *hebra primordial*. Todos los términos de la serie matemática que describe un proceso eterno sobre un entorno finito contienen una expresión exponencial de base e; descripción que puede hacerse por una serie de Fourier, una colección de infinitos componentes senoidales [Refs.(A).3 y 4].

Por otra parte,

tenemos la naturaleza energética de la constante matemática cuyo valor límite es e, la base de las *funciones inversas naturales*, las funciones logarítmica y exponencial.

Entonces, luego de revisar dos aspectos fundamentales para establecer la correspondencia entre series matemáticas y *hebras energéticas y operacionales* de la función existencial, revisaremos esta naturaleza que nos permite alcanzar, hacer realidad, reconocer la configuración espacio-tiempo de la componente fundamental de la Unidad Existencial descripta por la *hebra energética y operacional primordial*, y reconocer el *Principio Primordial de Armonía* [Ref.(A).3 y 4] inherente a ella, principio que se describe por una super serie matemática de la que nuestra serie de Fourier es una versión.

# III

# Relación entre espacio matemático de referencia y el hiperespacio de existencia

## Funciones energéticas y series matemáticas

*La hebra energética y operacional primordial* que tiene lugar en el *campo primordial* del hiperespacio de existencia sobre el que se sustenta el proceso existencial, el proceso ORIGEN o el proceso UNIVERSO, según se desee considerar, se describe en nuestro espacio de matemático de referencia por una serie matemática.

**La serie matemática describe una función, una secuencia de operaciones en el espacio de números.**

En el espacio de números naturales, estos representan entidades energéticas o entidades existenciales reales con una identidad propia frente al manto energético en el que se hallan presentes e inmersas.

Nosotros no creamos la necesidad de tener números sino que creamos los símbolos, los números; respondemos a la necesidad que surge como una estimulación natural del proceso existencial para representar, contar y ordenar elementos existenciales, y establecer relaciones causa y efecto entre elementos existenciales.

Específicamente, *la hebra energética y operacional primordial* que tiene lugar en el *campo primordial* del hiperespacio de existencia se representa por la serie matemática cuyo valor límite es la constante e, la base de los logaritmos naturales.

La constante $e$ no es simplemente una constante matemática tomada para hacerse parte de las expresiones que describen las relaciones causa y efecto de la fenomenología energética que experimentamos en nuestro entorno del proceso UNIVERSO, sino que tiene una naturaleza energética real.

Para reconocer la naturaleza energética de la constante matemática $e$, debemos reconocer que la serie matemática cuyo valor límite es $e$ describe a una hebra energética real; y para ello debemos reconocer que el espacio matemático de referencia es la dimensión elemental del hiperespacio energético.

Veamos.

La serie matemática describe una función, una secuencia de operaciones en el espacio de números racionales.

Todo número racional es el cociente entre dos números enteros.

Los números naturales (enteros positivos) son entidades *unarias* que representan a las entidades energéticas de naturaleza *binaria* por los efectos resultantes de sus componentes binarios en la estructura de consciencia del observador, el ser humano.

Todo número racional es una entidad binaria; cada número es definido por una relación entre dos entidades unarias, los números naturales (no tenemos en cuenta el signo porque no es parte de los números sino de su relación con el espacio y, o el proceso para los que se usan).

Luego,

**la naturaleza energética de la serie matemática cuyo valor límite es la constante $e$, la base de los logaritmos naturales, es binaria** [Refs.(A).3 y 4].

Por otra parte,

la dimensión primordial del hiperespacio de existencia es dada por la distribución espacial en cualquier y todo instante, por lo tanto independiente del tiempo, de los elementos absolutos del campo primordial, los que reconozcamos: los elementos de sustancia primordial, los elementos del fluído primordial, o los elementos de energía, las partículas absolutas ahora consideradas sin masa.

Los elementos absolutos del hiperespacio energético de la *hebra energética y operacional* se representan por números en el espacio matemático de referencia, y <u>el orden para representar la distribución y la operación espacial en la dirección que se desea explorar mentalmente</u> son dados, precisamente, por la serie matemática, por la secuencia de operaciones entre asociaciones de esos elementos representados por los números racionales que son las entidades binarias del espacio matemático.

> **NOTA.**
> **Números irracionales.**
> Número irracional es un número que tiene un valor límite específico dado al final de una operación entre infinitos componentes, final que no podemos determinar.
> Una serie, una función, una secuencia de operaciones entre números racionales da lugar un número irracional simplemente porque no podemos acotar la magnitud de la extensión de la secuencia que tiene lugar en el proceso existencial real y que representamos por la serie matemática; pero, realmente es un número dado por el número entero y la cantidad de decimales hasta el final (si llegáramos a él), dividido por el número 1 seguido de tantos ceros como decimales tiene la secuencia completa, lo que dá lugar al número racional final que ahora no podemos determinar.

## Operaciones matemáticas, interacciones energéticas.

Toda asociación energética toma tiempo en ejecutarse.

Una suma matemática describe una asociación energética que tiene lugar en un período genérico $T=1$.

Un producto matemático describe una interacción simultánea.

La secuencia operacional (2+2+2+2+2+2) toma un cierto tiempo para dar el resultado 12 si ocurre a lo largo de una hebra operacional donde cada suma ocurre en un intervalo de operación individual.

La operación (2x6) da el mismo resultado en un tiempo más corto si describe una operación desde seis direcciones espaciales convergentes al entorno de operación.

Por otra parte, si tenemos la expresión siguiente,

$$X = (1 + 1/2 + 1/3 + 1/4 + 1/5 + 1/6 + \cdots )$$

el valor final $X_{FINAL}$ tiende a infinito ($\infty$) para una secuencia infinita; pero, observemos que la rapidez a la que X crece hacia infinito es mucho menor que la rapidez a la que aumenta el denominador. Eventualmente se agotará la "divisivilidad" antes de que lo haga la "integrabilidad" de la interacción.

Nosotros no tenemos en cuenta esta diferencia en las rapideces inherentes a las secuencias numéricas pues los números son entidades unarias; sólo representan una cantidad. Pero, en el espacio energético real los números representan entidades binarias, cargas primordiales, **cantidades con una cierta capacidad de operación, de reacción, que es dada por la frecuencia inherente de rotación de esa cantidad de carga**[a].

En esta secuencia simple representada por X hay una interacción entre dos operaciones, una de suma y otra de división, que tienen lugar en el mismo tiempo. Cada símbolo de suma agrega un término que resulta de una operación de división que debe completarse antes de que aparezca la próxima adición.

---

[a]
Volveremos a ver esto en relación a la serie matemática que describe a la *hebra energética y operacional primordial*.

# IV

# Naturaleza binaria
# de la variable primordial

El elemento existencial absoluto, ya sea el elemento de éter de nuestros ancianos, o de sustancia primordial de la que todo se genera y se recrea, o del fluído primordial cuya distribución define el *campo primordial* [Refs.(A).3 y 4], es de naturaleza binaria; es decir, el elemento existencial, absoluto, se define por dos componentes inseparables: el volumen o el espacio que el elemento define con su presencia, y la frecuencia de la rotación asociada con él, inherente al elemento [Refs.(A).3].

**Rotación es el movimiento primordial.**

Todo desplazamiento es parte de una rotación.

Si el desplazamiento es recto, cosa que no existe en el hiperespacio real *convergente* (una de sus propiedades topológicas), se debe a que es parte de una rotación de radio infinito, inmensurablemente grande.

El elemento de naturaleza binaria es un elemento de *carga primordial* de la que todas las demás cargas, entre ellas las eléctricas, son versiones en otros subespectros energéticos.

Considerada como unidad unaria, la unidad de carga primordial es una unidad de energía, de capacidad de intercambiar movimiento primordial (rotación, carga).

Energía, como variable de ponderación de la capacidad y, o de la actividad existencial y siendo de naturaleza binaria, tiene dos componentes inseparables cuyos dominios de valores definen el espectro energético del proceso existencial.

Los componentes de la variable energía son *masa y frecuencia* (que también poderamos por su inversa, *período*, medido en *tiempo*, en cantidad de una pulsación de referencia) [Ref.(A).3].

**La relación primordial entre el cambio de masa y el cambio de frecuencia de la unidad energética es dado por la *hebra energética y operacional primordial*. El valor relativo de esta relación depende del entorno del hiperespacio de existencia en el que se evalúe.**

El espacio es una manera de ponderar la característica de la asociación de fluído primordial, es decir, su masa; y del cambio de masa del fluído o manto energético depende el espacio, el cambio de posición de un objeto inmerso en él y sujeto a un cambio en él, a una fuerza. La masa se define por la cantidad de elementos de energía (de cargas primordiales) que se asocian, y por la frecuencia de los elementos y las características de asociación por puesta en fase de sus ejes de rotaciones [Ref.(A).4]. La asociación es de una cantidad de partículas sobre un manto de partículas en otra dimensión de asociación con diferentes frecuencias de rotaciones a las que no alcanzamos, algo que usualmente perdemos de vista, o no tenemos en cuenta.

Aunque es muy obvio, recordamos lo siguiente porque es indicado por la *hebra energética y operacional primordial* que se representa y describe por la serie matemática cuyo valor límite es la constante e,

- la ponderación de energía siempre tiene lugar en relación a un estado previo, o frente a una referencia;
- el cambio ocurre siempre en ambos componentes de la unidad binaria, en la *masa* y la *frecuencia de rotación*; pero, dependiendo de la dimensión de asociación de energía, de elementos de sustancia primordial o de partículas primordiales, la masa puede verse o percibirse constante o nula; esta dependencia está relacionada con la dimensión de infinidad que se explore, algo que nos lo dice la operación que tiene lugar en la *hebra primordial*.

# V

## Naturaleza Energética de la Serie Matemática cuyo valor límite es la constante e (2.718.... ), base de las funciones inversas primordiales, exponencial y logarítmica

La solución a la mayor inquietud racional de la ciencia, el origen, la función o algoritmo de desarrollo, y el estado final de nuestro universo, está en el reconocimiento de la naturaleza energética real de la serie matemática cuyo valor límite es la constante e.

La constante e tiene un significado físico reconocido limitado; un significado como la base de la rapidez natural a la que tienen lugar los cambios naturales energéticos, el incremento de interés en una cuenta bancaria, o de asociaciones de la especie humana que aumenta su población conforme se reproducen los individuos que la componen. Sin embargo, no se ha reconocido la naturaleza energética de la hebra descripta por la serie matemática.

Ya vimos que una serie matemática es una función, una secuencia de operaciones, y como tal, es siempre la herramienta racional para describir una secuencia energética, una hebra operacional ya sea estática o dinámica, con respecto a nuestra referencia. Vale la pena recordar que nuestra referencia, cualquiera que sea la que tomemos, se encuentra siempre en evolución, aunque sea tan lenta que la consideramos constante.

Estática significa "congelada" en nuestro dominio energético, en nuestra dimensión de tiempo en la que la hebra, la estructura energética que define la secuencia operacional que se describe, evoluciona muy lentamente o define una estructura que se percibe cerrada sobre una superficie de convergencia (la superficie de los sólidos). Una roca es una estructura de movimientos que se percibe como sólido por la convergencia de los movimientos sobre su superficie, y evoluciona a un ritmo dado por el manto energético en el que se halla inmersa. El tiempo de evolución es dado por la interacción entre los dominios energético dentro y fuera de la superficie de convergencia.

Absolutamente TODO LO QUE ES, TODO LO QUE EXISTE, es una función del tiempo primordial del que nuestro tiempo es una versión en otra dimensión existencial Ref.(A).3, seccs. VI y IX.

Una roca es una *hebra energética y operacional* en nuestro dominio existencial, en nuestra dimensión energética del proceso existencial. Si la estiramos hasta hacerla una fibra, un hilo de roca, sigue conservando la función fundamental que la define; sigue conservando la secuencia fundamental de operaciones que la define. Si se la estira formando cuentas de roca unidas por un hilo de roca, sigue siendo la misma función fundamental sobre la que han cambiado parámetros en sus términos. Si la dividimos y las separamos a las partes, cada parte conserva la función fundamental.

Llegamos a la función fundamental a nivel primordial cuando se ha subdividido la roca, luego sus átomos, y finalmente sus partículas primordiales hasta llegar el primer nivel o la primera generación de asociación de sustancia primordial; allí tendremos la *hebra energética y operacional primordial* que define eso, la asociación primordial.

**La función u operación primordial se conserva en la asociación primordial, y en la Unidad Existencial, toda.**

Cuando se pasa de la hebra estructural infinitesimal a la de la Unidad Existencial, la función primordial se conserva y comienzan a variar sus parámetros y a desarrollarse subfunciones subordinadas a la fundamental.

Las subfunciones no necesitan estar en el mismo entorno (o subespectro energético) de observación de la función fundamental gracias a la multidimensionalidad del hipespacio de existencia en el que la vinculación es a través de frecuencias portadoras de las subfunciones.

La serie matemática cuyo valor límite es $\underline{e}$ es la descripción en el espacio de referencia, espacio matemático, de una *hebra energética y operacional primordial*.

Ya lo vimos.

El espacio matemático sobre el que se describe la serie cuyo valor límite es $\underline{e}$ es la dimensión primordial del hiperespacio energético, de la distribución espacial de fluído primordial y sus asociaciones cuya presencia y configuración define la Unidad Existencial. En el espacio de números racionales las asociaciones son las colecciones dadas por los pares de números, entidades unarias, que definen a cada número racional, entidad binaria (por ejemplo, el número 2/3 es definido por una colección de pares 4/6, 8/12, 10/15, ... ). El espacio de números racionales es la dimensión primordial del espacio energético en el que las unidades binarias pueden considerarse unarias, pues en ese nivel tienen el mismo volumen absoluto pero difieren solamente en la cantidad de rotación de ese volumen [Refs.(A).3 y 4]. Luego, a partir de este nivel primordial es que comienza a complicarse la modulación sobre la *hebra energética y operacional primordial*; las asociaciones siguientes tienen un volumen aparente que depende no sólo de la cantidad de elementos sino de sus frecuencias individuales de rotación y de las características de la asociación en la que interviene la reacción del resto del manto de unidades binarias. Ese volumen aparente tiene una masa, una característica particular de asociación frente al manto y a otras asociaciones.

Ahora nos interesa solamente la *hebra energética y operacional primordial* pues sobre ella tendrá lugar todo lo que ocurra en el proceso existencial a partir de ella, de su presencia en todos los elementos de un manto de fluído primordial de naturaleza binaria.

Que la serie matemática cuyo valor límite es e̲ sea la serie que describe a la *hebra energética y operacional primordial* nos lo dice el hecho de que el valor e̲ es la base, una cantidad de cambio primordial constante, que interviene en todos los procesos de carga y descarga de energía, de intercambios de rotación entre las asociaciones materiales, o extendiendo el concepto, entre todas las asociaciones de unidades de energía del fluído primordial o de la sustancia primordial; es la base de una relación primordial que interviene en todas, absolutamente en todas las expresiones que describen las relaciones causa y efecto de la fenomenología energética universal, o la que alcanzamos y experimentamos en nuestro entorno del proceso existencial (intervención que se expresa implícita o explícitamente en las relaciones).

Que el valor e̲ es una constante absoluta nos lo dice el hecho de que resulta de un proceso transitorio que tiene lugar sobre la dimensión primordial (dada por el espacio matemático de naturaleza unaria) sobre la estructura de proceso <u>desde la que se generan todas las asociaciones en todas las dimensiones energéticas.</u>

**El proceso transitorio está implícito en la serie que describe la secuencia operacional cuyo valor final es e̲ (2.718...).**

Por una parte, no cabe duda de lo antes dicho pues <u>toda secuencia existencial o de redistribución o interacción energética,</u> ya sea llevada a cabo por la naturaleza o por el ser humano, <u>toma tiempo</u> real finito jamás nulo.

Por otra parte, debemos mantener en mente siempre que el valor e̲ es el valor final de un proceso transitorio real cuyo significado en el proceso existencial, y particularmente en el campo primordial, lo veremos más adelante para no distraernos del propósito inmediato.

NOTA.
Recordemos que en toda hebra energética real descripta por una serie matemática, esta última no necesariamente representa una hebra unidimensional en el espacio real sino una *hebra de operaciones*, una función en el tiempo cuyos términos pueden ser dominios volumétricos.

Resumiendo,

**La serie matemática cuyo valor límite es la constante e es la descripción de una *hebra energética y operacional* en el subdominio binario del espacio matemático de referencia (el subdominio de números racionales) que es el nivel primordial del espacio energético, del hiperespacio de existencia multidimensional de naturaleza binaria, por lo que esta hebra descripta por la serie matemática es eso, la *hebra operacional, funcional primordial* de la Unidad Existencial cerrada absolutamente; Unidad y cierre ya reconocidos y expresados por el *Principio de Conservación de Energía*. El subdominio binario del espacio de referencia matemático, siendo la dimensión elemental, primordial, es la "base" del hiperespacio energético sobre la que se modulan los espacios relativos.**

A partir de este instante, la geometría binaria de la Unidad Existencial se hace evidente; es la que mostramos en la ilustración después de la Introducción,

Ref. (A).3 *La Teoría de Todo*, versión introductoria para la ciencia.

Ref. (A).4 *Antes del Big Bang*, versión introductoria para todos.

Regresaremos a esta ilustración en la PARTE 3, ATLAS, al terminar de revisar los aspectos inherentes a la *hebra energética y operacional* descripta por la serie matemática cuyo valor final es e, y la introducción al *Potencial Universal* y las *Ecuaciones Diferenciales Universales*.

—

## La aplicación de la hebra energética y operacional que nos permitió llegar a la constante e.

**Interés compuesto en las actividades financieras, en el mercado de dinero.**

La referencia (A).4 tiene mi primera versión del reconocimiento de la naturaleza energética de la serie matemática cuyo valor límite es e.

Interesante, aunque no vamos a tocarlo aquí, es que la experiencia de Jacobo Bernoulli, matemático suizo que desarrolló la primera versión del valor e, constituye un ejemplo de las interacciones entre los procesos ORIGEN y SER HUMANO, y del mecanismo por el que tienen lugar estas interacciones por las que alcanzamos o reconocemos información primordial y principios u orientaciones de desarrollo de nuestra capacidad racional.

Vamos a revisar rápidamente los aspectos de la aplicación que nos condujeron a la serie que describe el proceso transitorio cuyo valor límite es e. **Insistiremos en que el valor e es el valor final de un proceso transitorio.**

Veremos una gran cantidad de información que contiene esta aplicación.

### ¡ATENCIÓN!

Podemos pensar que la especulación que hacemos acerca de la naturaleza energética de la serie matemática cuyo valor límite es la constante e es sólo eso, una especulación para forzar la correspondencia entre la serie y la hebra.

**Entonces es conveniente que enfaticemos, insistamos, en lo siguiente, aún corriendo el riesgo de ser repetitivos. Después de todo, por algo es que no se pudo alcanzar o entender el proceso existencial a pesar de tener el elemento de infor-**

**mación energética fundamental.**

Digamos que podríamos ignorar la correspondencia entre el espacio matemático de referencia y el nivel elemental del hiperespacio energético real multidimensional de naturaleza binaria. Y que podríamos ignorar la interacción constante, incesante entre la mente humana y el proceso existencial o el proceso UNIVERSO del que somos un subespectro; interacción por la que nos vamos haciendo conscientes del proceso existencial y sus elementos.

De acuerdo.

Pero no podemos negar que la constante $\underline{e}$ es la base de todas las funciones de intercambio de energía, y que la versión primordial de la relación exponencial que nos provee la *hebra energética y operacional primordial* interviene en todas, absolutamente todas las relaciones causa y efecto de la fenomenología energética universal.

No podemos dejar de ver que la serie matemática que describe la aplicación financiera que permitió reconocer el valor límite $\underline{e}$ es de naturaleza binaria pues describe un proceso de conmutación, un proceso SÍ-NO (ON-OFF) de derivación (cesión) e integración (asociación o suma) de energía, de <u>interacciones entre dos dominios de asociaciones</u> (principal P e interés I, como veremos).

Finalmente, recordemos que hay dos aspectos importantes que debemos tener en cuenta: uno es la rapidez diferencial a la que ocurre el proceso de suma en el mismo tiempo y en el mismo entorno en el que tiene lugar la interacción de las convergencias de los cambios, de las unidades de energía disponibles que llegan a ese entorno en el proceso real que se describe por una serie matemática; y otro es la variedad de versiones que una función primordial descripta por una serie matemática, una serie en el espacio elemental, puede tomar en el hiperespacio multidimensional de naturaleza binaria debido al isomorfismo de la función primordial gracias a las propiedades topológicas (*continuidad, conectividad, convergencia*) del hiperespacio real.

---

PARTE (I).

Tenemos una cantidad de dinero, el principal P, que sujeto a un proceso en el Banco gana una cantidad llamada interés $\underline{I}$ al cabo de un período T de proceso, obviamente transitorio, que usualmente es de un año.

**Este proceso es el proceso de referencia que determina el cambio del principal P (por proceso de interés simple) frente al que se va a evaluar el nuevo cambio (por proceso de interés compuesto).**

Con respecto a este proceso de referencia se evalúa el efecto de cambiar el período de proceso T en $\underline{n}$ subperíodos (T/n) cuando $n \rightarrow \infty$.

NOTA.
Este período T es el de proceso de toda la estructura de circulación de unidades de dinero, algo que se hará más visible un poco más adelante.

Ya conocemos el resultado; es,
$$P_F = P_i.e \qquad\qquad\qquad [a]$$
donde $P_F$ es el valor del principal final y $P_i$ el valor del principal inicial, para una aplicación normalizada, es decir, para un principal inicial UNO, un interés de 100% o UNO, partiendo de un período T igual a UNO (un año).

A partir de aquí hemos comenzado a emplear, correctamente, el valor $\underline{e}$ como la base de los logaritmos naturales, o mejor aún, como la base de las *funciones inversas naturales logarítmica y exponencial*.

Luego, en el curso de nuestras exploraciones del proceso U-NIVERSO, de su fenomenología energética, y de los desarrollos de nuestras aplicaciones, dejamos de revisar la naturaleza de la función transitoria cuyo valor final es $\underline{e}$; **dejamos de revisar qué** nos dice la serie matemática en el espacio de referencia que es el nivel primordial del complejo espacio energético multidimensional de naturaleza binaria.

Vamos a ver sus aspectos.

La correspondencia entre los componentes energéticos reales del proceso existencial y los de la aplicación financiera ya fueron introducidos en las referencias citadas [referencia (A).3 para la ciencia, y referencia (A).4 para todos].

Ahora vamos a enfatizar la correspondencia entre la serie matemática y la *hebra energética y operacional primordial*.

Hay un verdadero proceso de interacciones que no se muestra explícitamente en esta aplicación financiera aparentemente simple.

**Hay un proceso de interacción entre el subdominio *inversionista* y el subdominio *mercado de trabajo*.**

El principal P es una cantidad de unidades de dinero que representan unidades de energía o de trabajo del inversionista; y esta cantidad P interactúa con una cantidad I de unidades de dinero que representan a las unidades de energía o de trabajo de los individuos del mercado de trabajo.

P e I son dos subdominios de unidades de dinero que convergiendo interactúan en un entorno de convergencia, por una inteligencia o algoritmo de interacción dado por el Banco.

Decimos que la interacción tiene lugar a través del Banco, pero en realidad el Banco tiene o define el algoritmo de proceso de interacciones. (Recordar que una función existencial tiene lugar en diferentes entornos del espacio multidimensional).

El proceso inicial, de referencia, tiene una duración T=1, un año. El período T=1 es el período genérico para el que se define el estado de referencia frente al que se evalúa todo cambio posterior.

NOTA.

La *serie matemática* que representa a la *hebra operacional* que

—

29

estamos describiendo, a la que vemos más adelante como la expresión [b], tiene implícitamente este período genérico T=1.

Insistiendo una vez más, y expandiendo, pues el propósito es mostrar que hay realmente esa correspondencia real entre el espacio de referencia y el nivel primordial del hiperespacio energético a la que el proceso SER HUMANO responde, aunque inconscientemente, como subespectro del proceso ORIGEN,

- El proceso al que quedan sometidos el principal P y el interés I es un proceso de interacción sobre una estructura de convergencia;

- La estructura de convergencia es representada por el Banco; es la "superficie" de interacción entre las unidades I del manto o mercado de trabajo y las unidades P del inversionista; esta "superficie" contiene la inteligencia, el algoritmo de interacciones a través de ella; P e I son dos subdominios de unidades dinero;

- El Banco es en realidad el arreglo de inteligencia del algoritmo de interacción que determina cómo tiene lugar la ganancia de interés I, el crecimiento en la cantidad I del principal P, que es análogo a la adquisición de masa por estructuras o asociaciones energéticas en los procesos que tienen lugar en las estructuras de convergencia de redistribuciones energéticas primordiales.

El cambio de frecuencia de interacción entre las cantidades P e I, respectivamente, de los dos *subdominios inversionista y mercado* de asociaciones de dinero, cambio de frecuencia de $(1/T)$ a $(1/nT)$ (obviando el factor $2\pi$), es decir, cambio de frecuencia de 1 a $n$ (porque T=1), ocasiona el cambio indicado por la expresión [a] (cuando $n \rightarrow \infty$) con respecto al valor que se obtiene para el caso de interés simple normalizado (P=I): $P_F = (P_i+I) = P_i(1+1) = 2P_i$.

Hay un proceso pulsante en la estructura de convergencia, en el Banco, pues hay una cesión (o una derivación) de principal P, y luego una integración de principal P más interés I.

**Hay un proceso de conmutación real en el Banco.**

**Hay un proceso de cesión (derivación) de principal P a tra-**

vés del Banco, y una integración (P+I); hay un proceso de disociación y reasociación de P e I que tiene lugar a través del Banco, en la estructura de circulación, o de convergencia de interacciones.

La pulsación de la estructura de convergencia es generada (en esta aplicación es *estimulada*) por la presencia (la capacidad de trabajo) y el movimiento continuo de dinero, de las unidades de energía o de trabajo de los subdominios humanos *inversionista y mercado de trabajo*; pero la inteligencia del proceso de circulación de dinero (que aquí es dada por otros seres humanos) determina la frecuencia del proceso de cesión e integración de dinero por la estructura de convergencia; y esa cesión e integración es dada por las características de la estructura de convergencia, por la característica a la que llamamos *circulación* en la estructura de convergencia de redistribuciones de cambios energéticos.

Notemos que siempre observamos cambios, y que lo que llamamos generación, creación, es simplemente traer "materia prima" de otra dimensión energética y hacerla realidad en la nuestra, a través de un proceso regido por una función, un algoritmo ya existente y al que nosotros sólo le damos una particularidad propia temporal.

Recordemos entonces que la característica de la estructura de convergencia define la circulación en la misma y su capacidad de derivar o disociar, e integrar o asociar estructuras de asociaciones energéticas ahora representadas por unidades de dinero.

**¡ATENCIÓN!**
**La estructura de circulación es todo el mercado de trabajo y los inversionistas; es la Unidad de Circulación.**
**El Banco es la estructura de convergencia de esa circulación; es el entorno de convergencia de los *subdominios inversionista y mercado de trabajo local*.**

La estructura de convergencia inicial indica una capacidad de manejar una cantidad (P más I) en un período T = UNO genérico, pero ¿cómo responde esa estructura de convergencia cuando se varía en el entorno de convergencia de la circulación (en el Bano, en la "superficie" de convergencia) la frecuencia de interacción por la variación del período T a (T/n) y n→∞?

**Al variar el período T a n subperíodos (T/n) se varía la frecuencia de conmutación del proceso de derivación e integración en el Banco.**

El cambio de frecuencia de interacciones afecta a la unidad de circulación, al manto de unidades de energía, de trabajo, y al entorno de convergencia de las interacciones entre inversionista y mercado de trabajo.

Ya vimos la respuesta en la expresión [a],

que resulta de una relación, que ya señalaremos, entre la capacidad de la estructura de convergencia (el Banco) que maneja esa interacción entre las cantidades particulares P e I de los inversionistas y del mercado de trabajo, y la capacidad de toda la estructura de circulación, del manto de unidades de trabajo.

Veámoslo de la siguiente manera.

- **La estructura de circulación toda es el manto de unidades de energía, de dinero del que el mercado de trabajo local y los inversionistas son partes (son subdominios); es la Unidad de Circulación;**
- **La estructura de convergencia de dos subdominios particulares P e I es el Banco; esta estructura de convergencia tiene una circulación propia dentro de la Unidad de Circulación.**

Ahora bien.

El cambio de la relación entre P final e inicial no es sólo el cambio del valor 2 (caso del valor final para T=1) al valor e luego de variar T a n subperíodos (T/n), sino que es, además, el <u>cambio de la base de la función potencial de adquisición de "masa"</u> (o de principal) para una secuencia de períodos T subdivididos en (T/n) para la que el período T inicial no deja de tener importancia.

El número de períodos consecutivos T, considerado genéricamente UNO en la aplicación previa, es nuestro tiempo t en las expresiones energéticas;

es decir,

el cambio de asociación luego del período transitorio durante el período T (que da lugar a la asociación final indicada por [a]) se debe a la integración máxima que puede tener lugar en una estructura de convergencia por ciclo de interacción cuando el período de pulsación T, de disociación y reasociación de toda la convergencia, cambia de dimensión de infinidad.

La serie matemática nos dice de una limitación física, energética real natural que enseguida veremos. Se refiere a su capacidad de respuesta frente a cambios de frecuencia de operación.

**El período T es el tiempo de redistribución del entorno de convergencia; el período (T/n) es el de redistribución del manto energético, del manto de dinero. Obviamente la capacidad de redistribuir y asociar del entorno de convergencia decrece muy rápidamente con el decremento del período de T a (T/n).**

**Hay un cambio a una función potencial; y en esa función potencial tiene importancia el valor de e cuyo límite es dado por el número de decimales (que nosotros no tenemos en cuenta), y este número que se alcanza en el período T es significativo si la cantidad de períodos T de proceso es largo (cuando T es nuestro tiempo t como veremos enseguida).**

La serie matemática que describe a la hebra operacional por la que se determina la adquisición de masa en el manto de energía real, y de interés de dinero en la aplicación financiera, es la siguiente,

$$P_F = P_i.[(1/0!)+(1/1!)+(1/2!)+(1/3!)+(1+4!)+ \cdots +(1/n!)] \qquad [b]$$

que también se escribe como,

$$P_F = P_i.(1+1/n)^n \qquad [c]$$

La expresión [b] es una función o secuencia operacional que se desarrolla en el período genérico T=1, y cuyo valor es la integral (la suma) al final de ese período,

$$P_F = P_i. e \qquad [d1]$$
$$P_F = P_i.(2.718...)$$

PARTE (II).

Hay mucha información implícita en la *hebra operacional primordial* que obviamente se nos revela a medida que crece nuestra observación y experiencia del proceso existencial, o del proceso UNIVERSO.

Hay algo que nos confunde.

Por una parte,

El valor e es el valor final de una serie, de un proceso transitorio, de una secuencia infinita de operaciones (indeterminable pero realmente finita, que finaliza al alcanzarse el elemento absoluto indivisible).

Por otra parte,

**el valor e es la base de una función potencial que se genera al ir repitiendo el ciclo o período T de interacciones.**

Cuando pasamos de la expresión [d1] para un período T dividido en $\underline{n}$ subperíodos (T/n) para n→∞, a la siguiente expresión [d2] en función de la repetición de $\underline{m}$ períodos T,

$$P_F = P_i. \, e \tag{d1}$$

$$P_F = P_i. \, e^m \tag{d1'}$$

podemos considerar que $\underline{m}$ es el tiempo $\underline{t}$ y entonces tenemos la función exponencial en el tiempo,

$$P_F = P_i. \, e^t \tag{d2}$$

a la que reconociéndola como la versión primordial de una interacción energética real podemos agregarle un factor $\underline{b}$ para tener en cuenta las particularidades de los diferentes entornos de convergencia en las diferentes dimensiones de infinidad del hiperespacio multidimensional de naturaleza binaria,

$$P_F = P_i. \, e^{b.t} \tag{d3}$$

de la que obtenemos la relación,

$$P_F/P_i = e^{b.t} \tag{d4}$$

o la expresión del cambio de "masa", o de asociación, en el tiempo t con respecto al valor inicial $P_i$,

$$\Delta = P_F - P_i$$

$$\Delta = P_i. \, e^{b.t} - P_i$$

$$\Delta = P_i.(e^{b.t} - 1) \tag{d5}$$

No vamos a detenernos ahora en las expresiones [d3] o [d5] que dan lugar a las innumerables versiones en nuestro entorno del proceso existencial que ya conocemos y usamos extensamente.

Ahora bien.

¿Qué nos dicen estas expresiones [b] o [c] en el nivel primordial (representado por el espacio matemático de referencia) sobre el proceso que tiene lugar en el entorno de convergencia de la primera asociación de sustancia primordial, que se verifica en todos los procesos de interacciones y redistribuciones energéticas, de redistribuciones de cargas de naturaleza binaria o de unidades de energía?

¿De dónde obtenemos la información de "entorno de convergencia" al revisar la serie matemática o la aplicación en la que la empleamos y obtenemos el valor límite $\underline{e}$?

Revisitemos lo siguiente sobre la expresión [b], que describe una secuencia real de subperíodos de proceso matemático, en tanto que la expresión [c] nos muestra cómo desarrollar la secuencia o la serie [b] por un proceso de operaciones matemáticas, proceso de producto, de interacciones.

El valor límite $\underline{e}$ se define por la interacción de un <u>sistema binario</u>, por las interacciones entre dos entidades P e $\underline{I}$.

El período T (inversa de la frecuencia) es un componente de la *circulación* del entorno de convergencia de naturaleza binaria; el proceso de interacciones tiene lugar en el período T; está acotado en el período T, por definición de la aplicación (que luego se confirma ser válida en el proceso real). El otro componente de la *circulación* es la "masa" o cantidad de asociación: asociación inicial ($P_i$); asociación final ($2.P_i$) en el caso simple; ($P_i.e$) en el caso compuesto.

Recordar que el cambio fundamental está en pasar a una función potencial de base $\underline{e}$ de asociación, de aumento de la "masa".

Ahora bien.

Que T inicial sea divisible en infinitos subperíodos (T/n) indica que $P_i$ inicial, cualquiera sea su valor relativo, puede crecer sólo hasta ($P_i$.e), y que es de un valor tal que pueda ser manejado en el subperíodo (T/n) con el que se inicia la secuencia operacional de (T/n) subperíodos. De modo que si $P_i$ fuera infinitesimal, de todas maneras el crecimiento es tal que el valor final sigue siendo ($P_i$.e) y el crecimiento real ocurre por la cantidad m$\rightarrow\infty$ de ciclos de duración T que tenga lugar, y también **por la duración de T inicial que determina el número de decimales de e**.

Notemos que es importante la relación entre T y el número m de ciclos en los que tiene lugar la secuencia de acumulación de "masa" de la "partícula inicial" de masa $P_i$.

En otras palabras,

**si la variable m es nuestro tiempo, la función exponencial que describe la relación entre el cambio de "masa" y el tiempo es válida mientras el período T de redistribuciones de la "partícula" observada es infinitesimal frente a nuestra unidad de tiempo.**

Regresemos a la aplicación financiera.

La *hebra energética primordial* es descripta por [b].

La *hebra operacional primordial* es descripta por [c].

En el caso de interés simple,

- En el instante inicial de cada ciclo o período de proceso T del entorno de convergencia (Banco) que tiene una característica de operación determinada, se libera una cantidad, una asociación de P unidades de dinero (de "cargas") desde el *subdominio de inversionistas*; y en el instante final del período T se reasocian (P+I) unidades desde el *subdominio de mercado de trabajo*;
- En el manto de unidades de circulación, se procesa la cantidad P durante todo el período T, y se libera (P+I) en el instante final del período T de proceso.

En el caso de interés compuesto,

- En cada instante inicial de un subperíodo (T/n) [o (1/n) pues hicimos T=1, e I=100%.$P_I$=1 al normalizar la expresión] se libera una cantidad creciente de principal P más interés I, *una cantidad creciente a un ritmo dado*; y en el instante final se integra una cantidad que crece *con otro ritmo decadente* pues decrece el interés (1/n) ganado en cada ciclo. Ver [b].

El **decaimiento del interés (1/n) al final de cada subperíodo (1/n) es más rápido que el crecimiento** de la asociación que ingresa al mercado de trabajo al inicio de cada subperíodo.

El **crecimiento** es dado por la operación de suma de los términos de la serie.

El **decaimiento** de (1/n) es más rápido que el crecimiento de la suma pues (1/n!) en cada término de [b] es un producto creciente a un ritmo potencial. Cada paso de suma en subperíodos (1/n) iguales va sumando un término cada vez menor (1/n!).

-----------------------------------------------------------------

La acumulación de "masa", o de dinero en esta aplicación, cesa cuando la aceleración de convergencia dada por la suma es igual a la de divergencia dada por (1/n).

-----------------------------------------------------------------

Veámoslo de esta otra manera,

en cada subciclo de operaciones dado por el término entre dos símbolos de suma hay dos operaciones en el mismo entorno, en el mismo tiempo [en el mismo subciclo (T/n)]: la interacción entre el principal P (que por simplificación de la expresión aparece fuera del paréntesis) y la división del interés I, división que crece a un ritmo mayor que la suma;

**en cada término tenemos la interacción,**

**⋯ + P.(l/n!) + ⋯**

**en el que P viene creciendo a menor rapidez que el decrecimiento de (l/n!).**

En la expresión [b], la función es la <u>interacción entre dos subdominios energéticos</u>, que también pueden ser considerados hebras: un dominio es la redistribución que genera los elementos (1/n!) de interés a una rapidez, y el otro dominio es la redistribución que genera la asociación de esos elementos (1/n!) en la estructura de convergencia.

Recordar que en el hiperespacio existencial real multidimensional de naturaleza binaria la función no depende de que sus componentes sean estructuras discretas o dominios de distribuciones, pues los componentes de la función son definidos por una cantidad en relación a la frecuencia portadora. Nosotros hacemos algo similar en nuestro dominio pero no nos hemos dado cuenta de eso, ni de que la frecuencia portadora de los materiales y sólidos es la frecuencia genérica UNO.

La capacidad de asociación de un entorno de convergencia, de un entorno de interacciones, depende del período de interacciones.

Expresado de otra manera,

**La capacidad de adquisición (o cesión) y mantenimiento de masa de un entorno de convergencia depende de la frecuencia de interacción; depende de la frecuencia de redistribuciones de las asociaciones y disociaciones que convergen a él (o que divergen de él).**

La capacidad mayor del manto energético para subdividir limita la capacidad de asociación del entorno de convergencia.

Esta limitación de capacidad es revelada al cambiar más rápidamente el interés disponible (1/n!) desde el manto energético en cada subperíodo (T/n, o 1/n) a medida que aumenta <u>n</u>.

La capacidad de subdividir (derivar) del manto energético en el proceso existencial real es mayor que la capacidad de integrar, o de retener, del entorno de convergencia, a medida que aumenta la frecuencia de interacciones, la frecuencia de conmutación sobre la estructura del entorno de convergencia de asociaciones y disociaciones.

Lo sabemos.

La mayor frecuencia de pulsación es calor y disocia la materia.

No estamos diciendo nada nuevo, sólo estamos mostrando y confirmando que,

la hebra energética y operacional que se describe por la serie matemática cuyo valor límite es $e$ es realmente la *hebra energética y operacional primordial*.


## Conclusión.

## En la hebra operacional primordial y su analogía en la aplicación financiera.

Hasta ahora nos hemos enfocado en el cambio de "masa", de asociación del principal P en la aplicación financiera, en relación a la serie matemática cuyo valor límite es la constante $e$, pero poca atención le hemos dado a la función, a la secuencia operacional que nos conduce al valor límite $e$ al final de una redistribución transitoria sobre una estructura real, la *hebra energética y operacional primordial* que es parte de toda asociación material, o mejor aún, de toda asociación de sustancia primordial.

Ya lo mencionamos algo más arriba y ahora reiteramos que,

en la expresión [b], la función es la interacción entre dos subdominios energéticos que también pueden ser considerados *hebras*: un dominio es la redistribución que genera los elementos $(1/n!)$ de interés a una rapidez de degeneración de la capacidad, y el otro dominio es la redistribución que genera la asociación de esos elementos (1/n!) en la estructura de convergencia. El cambio de pulsación del manto energético es lo que hace que en el manto haya partículas menores disponibles (1/n!) para cada subperíodo (T/n).

Desde el primer subperíodo (T/n) la partícula disponible para asociar es (l/n)=(1/n); la asociación en la estructura de circulación crece hasta que la cantidad de partículas (1/n) que se asocia en ella se hace igual a P. P es el valor máximo que por diseño está preparada para asociar la estructura de circulación (es una condición o parámetro inicial) en cualquier subperíodo (T/n). Esta capacidad está implícita en el hecho de que en el caso de interés simple la partícula P se entrega desde el subdominio *inversionista* al mercado de trabajo instantáneamente (al principio del período T); y la cantidad (P+I) se entrega desde el subdominio *mercado de trabajo* instantáneamente (al final del subperíodo T). Esa instantaneidad, aunque pequeña es finita, y se tiene en cuenta luego en un tiempo infinitesimal del subperíodo (T/n) cuando n→∞ en el caso de interés compuesto.

Algo que nos confunde es que en realidad la asociación de las partículas no comienza desde el primer término de la serie [b] sino desde el último. El primer término de la serie es el final de la secuencia real. Lo que se asocia sobre la partícula inicial **P** se toma de lo que converge, por lo que debe reconocerse que con respecto a la circulación inicial de una partícula **P** en un período **T**, ahora hay una partícula **(P.e)** circulando en el mismo período **T** [luego de un proceso de interacciones en subperíodos **(T/n)**]. Nosotros no lo vemos, no nos ha interesado tampoco (hasta ahora), pero la partícula final **(P.e)** circula en un entorno en el que hay una depresión real **((P.e))** en la estructura del manto que converge. <u>Aquí está la estructura binaria real del sistema interactuante</u> del que sólo vemos un subdominio, el material, el de nuestra asociación.

¡ATENCIÓN!
Debemos diferenciar componentes a los que a menudo confundimos o llamamos de la misma manera.

El cambio de la *función* [1+1] para el caso de interés simple, a la *función* $[1+(1/n)]^n$ (cuyo valor final es <u>e</u>) para el caso de interés compuesto, es el cambio de las interacciones en el entorno de convergencia; es la función que describe el proceso transitorio de cambio de circulación del entorno (<u>cambio que se ve por el efecto del cambio de la "masa"</u>, de la asociación que tiene lugar en la estructura de convergencia) debido a un cambio en la frecuencia de conmutación *disociación-reasociación* de la estructura de convergencia [cambio de frecuencia dado por el cambio del período **T** a <u>n</u> subperíodos **(T/n)**].

El cambio de un entorno de convergencia es determinado por la resultante de las asociaciones y disociaciones que convergen al, o que divergen del entorno, respectivamente.

Lo que cambia frente al cambio de frecuencia de interacciones del entorno de convergencia es su circulación; es el cambio de asociación por unidad de circulación dada por el cambio del período T a una secuencia de subperíodos, que es un cambio de flujo, un cambio de rapidez; este cambio de circulación lo medimos sobre una partícula de prueba del arreglo de circulación, sobre el principal P.

Luego,

La función transitoria $[1+(1/n)]^n$ es la función de cambio de flujo; es la aceleración de la circulación del entorno de convergencia frente a un cambio de frecuencia de interacciones en el entorno.

El valor e es el valor final de cambio de circulación por cada período T de redistribuciones en el entorno de convergencia (medido por el cambio de asociación sobre una partícula P) de una distribución de infinitas partículas infinitesimales frente a P [infinitesimalidad expresada por (1/n) cuando n→∞, donde 1 es l e igual a P].

El cambio de circulación del entorno de convergencia, ponderado por el cambio de asociación de la partícula de prueba P, cesa cuando las aceleraciones del proceso de suma (integración) y de división (1/n!) se hacen iguales.

Notar que el valor e llega a su límite máximo solamente cuando P es la partícula primordial absoluta sobre la que se asocian infinitas partículas primordiales absolutas (l/n) cuando n→∞.

Para cualquier otro valor inicial de P el valor final de e quizás no sea notable en nuestra dimensión energética, debido a que el valor límite se alcanza para una posición decimal que nosotros no usamos, o a la que nos aproximamos; pero en un proceso de la magnitud del proceso UNIVERSAL, debido a que la interacción o redistribución de cargas puede tener lugar en un tiempo muy largo, la diferencia en la posición decimal del valor de e que se tome es significativa por ser la base de una función exponencial.

Algo más.

**Para interés I no normalizado a 100% del principal P.**

Si el interés I no es igual al 100% del principal P, digamos que sea mayor, 200% por ejemplo, entonces podemos considerar dos períodos T' de seis meses empleando la expresión para el interés compuesto normalizado en cada subperíodo de seis meses. Y de manera inversa, si el interés es menor del 100%.

El punto aquí es que el período T determina qué tantos decimales pueda tener el valor final real de e en el proceso UNIVERSO para el que este número de decimales es significativo, pues e es la base de una función exponencial temporal muy larga donde el número de decimales determina la masa final de un proceso de asociación o disociación para un tiempo t dado, o determina el tiempo para un cambio de masa dado. Para períodos de tiempo primordiales infinitesimales (en otra dimensión diferente a la nuestra), en el proceso real no se alcanza sino un valor de e con pocos decimales, para los que una función exponencial con esa base va a tener un valor final muy diferente que para un valor de e con numerosos decimales para el mismo tiempo t.

El valor final de e se alcanza sobre el entorno de convergencia de la Unidad Existencial toda, sobre el hiperanillo de convergencia hΦ.

**Esta consideración tiene importancia en la discrecionalidad de los niveles energéticos de las asociaciones energéticas reales, en los átomos y células energéticas.**

**En el hiperespacio energético real multidimensional de naturaleza binaria.**

La respuesta del entorno de convergencia frente a un cambio de dimensión de infinidad de la frecuencia de interacciones es una respuesta natural de la *hebra energética y operacional primordial*.

*La hebra energética y operacional primordial* se define por la convergencia de dos subdominios de redistribuciones de una presencia absoluta eterna de unidades de cargas de naturaleza binaria. El valor final e de redistribución de esos dominios que definen a la hebra energética y operacional <u>determina la relación entre los cambios a partir de una estructura eterna de base</u>.

---

Frente a un cambio en la configuración de convergencia en el manto energético, la *aceleración máxima* del cambio en el hiperanillo de circulación de esa convergencia por período de circulación es e; y toda versión en una de las dimensiones del manto energético, que depende de sus parámetros, es una función exponencial de base e que relaciona el cambio en la partícula de prueba (P) con el tiempo t o la cantidad de rotación de referencia que representa el número de ciclos T de convergencia de todas las redistribuciones sobre ese entorno.

---

Todo lo que podamos deducir de ahora en adelante es una simple consecuencia de las propiedades topológicas del manto energético multidimensional de naturaleza binaria, manto de fluído primordial, y del isomorfismo de la función o la operación primordial.

Vamos a ver algunos aspectos relacionados con la *hebra energética y operacional primordial* tomados de la referencia (A).3, *La Teoría de Todo*, sección VI, y luego vamos al aspecto fundamental en relación con la gravitación y la energía oscura.

Ver la hebra en la ilustración inicial o la Figura I en el ATLAS.

Representamos por una banda (hebra) a la convergencia de los dos subdominios primordiales cuyas asociaciones (k) definen la dimensión de asociaciones que llamamos *dominio material*.

Digamos nuevamente que sobre el entorno de convergencia tiene lugar un proceso de conmutación de asociación y disociación de unidades de energía, y que la conmutación es resultado de una convergencia previa cuyo estado de asociación final ha sido limitado por la frecuencia previa correspondiente al período $T=1$, y por la dimensión de la partícula más pequeña dado por el interés $(1/n!)$ cuando $n \to \infty$. Si un cambio de la frecuencia de conmutación genera un cambio de asociación, un cambio de asociación genera un cambio de frecuencia de conmutación que en el entorno de convergencia real del hiperespacio de existencia se ve y evalúa por el cambio de asociación entre dos estados de una partícula de prueba inmersa en el arreglo de circulación.

**La convergencia de unidades de cargas binarias, de unidades de rotación, tiene una componente senoidal natural con respecto a un valor medio inmutable; es decir, la estructura de convergencia es naturalmente un sistema oscilante, armónico o resonante, con respecto a la componente inmutable.**

**Las interacciones entre unidades de rotación, procesos de cargas y descargas y, o reposición de ejes de rotaciones, generan modulaciones senoidales a lo largo de líneas o trayectorias de redistribuciones en el manto energético.**

El reconocimiento de la naturaleza energética de la constante matemática e confirma, a su vez, el reconocimiento de la Unidad Existencial a la que se haya llegado, pues la constante matemática e es el valor límite, final, que toma una interacción entre dos distribuciones energéticas, dos dominios de asociaciones de partículas primordiales del hiperespacio de existencia multidimensional de naturaleza binaria, alrededor de un valor que es absolutamente constante, inmutable (valor frente al que se generan convergencias o divergencias; asociaciones o disociaciones).

**Esta interacción, que ya vimos en la serie matemática, es la que corresponde al *Sistema Termodinámico Primordial* cuya estructura define a la *Unidad de Resonancia Primordial*: un dominio se expande espacial logarítmicamente, a expensas de una contracción exponencial en un entorno del otro dominio, y ambos tomando energía, cargas primordiales, de un manto de fluído primordial que conserva el valor medio absoluto sobre todo el volumen existencial por un proceso a nuestro alcance racional y ya exhaustivamente confirmado.**

Esas distribuciones cuya convergencia tiene lugar sobre la unidad elemental absoluta espacial cerrada, el hiperanillo o hebra energética que se representa por la serie matemática, determinan el cambio de la circulación del hiperanillo al final del proceso transitorio de interacción, por una relación entre los dos componentes inseparables de la unidad de circulación binaria: [*masa; frecuencia*] o [*espacio; tiempo*].

## La constante matemática e es la base de las *Funciones Inversas Primordiales de Redistribución Energética* de la Unidad Existencial.

**La constante matemática e relaciona el *espacio relativo* que se desarrolla en el tiempo, siempre a expensas de la redistri-**

**bución de un manto de unidades binarias primordiales.**

Una vez que reconocemos la variable primordial de naturaleza binaria cuyos componentes son *masa y frecuencia*, y luego *espacio y tiempo* en nuestro entorno, si tenemos un entorno cerrado de período T=1 también son limitados o finitos espacialmente los dos dominios que convergen en el entorno cerrado.

En cualquier dimensión energética del manto de fluído primordial, el manto que se redistribuye hacia un entorno de convergencia es un volumen infinito (inmensurablemente grande) con respecto al entorno de convergencia.

El entorno en desarrollo es un entorno de circulación de período T que crece o se expande espacialmente, hasta que *sobre el hiperanillo de convergencia la aceleración de convergencia sea igual a la de divergencia (o viceversa).*

------------------------------------------------------------------

**La serie matemática cuyo valor límite es e̲ es la componente fundamental de la super Serie que describe a la *Unidad de Circulación* (descripción por una super Serie de Fourier).**

------------------------------------------------------------------

Ya conocemos y usamos extensivamente una versión de esta super Serie, pero no podemos describirla detalladamente para el proceso UNIVERSO[Refs.(A).3 y 4] porque no podemos alcanzar ciertos parámetros locales que se hallan fuera de nuestro entorno o en tiempo no real. No obstante, el conocimiento conceptual es suficiente para nuestra exploración y experiencia del proceso UNIVERSO como componente del proceso ORIGEN.

**¡ATENCIÓN!**

**Todas las relaciones causa y efecto de la fenomenología e-nergética existencial, o universal si nos limitamos a nuestro universo, se derivan de una expresión exponencial o su inversa, logarítmica.**

**Recordar que una función logarítmica describe un proceso de redistribuciones energéticas reales entre dos límites idea-**

les (por los que pasa o se acerca sin tomarlos nunca): una circunsferencia o una recta, dependiendo de los parámetros de curvatura natural del manto energético sobre el que tiene lugar el proceso.

Con la revisión previa podemos ir a una aplicación energética; mejor vamos a la aplicación primordial misma.

Veamos la siguiente ilustración.

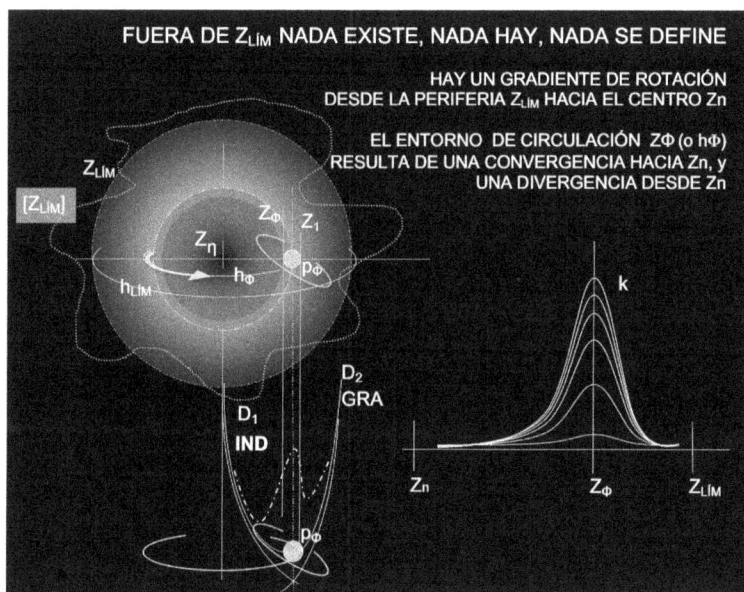

## Unidad Existencial, Colosal Capacitor Binario.

Tenemos la Unidad Existencial que es un capacitor binario de cargas primordiales[Refs.(A).3, 4].

Cada dieléctrico es un dominio de asociaciones de sustancia primordial; el separador entre ambos es el arreglo de convergencia de esos dos dominios y sus interacciones.

Notemos que la *hebra energética y operacional primordial* se define sobre una estructura de convergencia y divergencia pre-existente h$\Phi$ (o Z$\Phi$); esta estructura pre-existente es una presencia eterna (confirmada en el *Principio de Conservación de Energía*) de dos dominios $D_1$ y $D_2$ de asociaciones y disociaciones convergentes a un entorno de circulación sobre la que se evalúa el cambio que ya revisamos análogamente en la aplicación financiera, pues recordemos que,

**una presencia cerrada de cargas de naturaleza binaria resulta natural e inescapablemente en una *Unidad de Circulación* cuyo entorno de convergencia es una versión de la *hebra energética y operacional primordial*.**

A lo largo del entorno de circulación, de la hebra energética primordial sobre la que ocurre la interacción, o de la operación primordial descripta por la serie matemática cuyo valor límite es e, es que tiene lugar la conmutación[a] SÍ-NO (ON-OFF) que permite que de la interacción entre $D_1$ y $D_2$ puedan desarrollarse asociaciones sobre una partícula de prueba P.

Con la misma base e se desarrollan las versiones de la función exponencial primordial, las versiones que relacionan el espacio relativo u otra variable tal como masa, o potencial, con el tiempo, ya sea que exploremos a lo largo de una hebra energética como h$\Phi$, u otra local como la órbita inclinada que se ilustra alrededor de p$\Phi$ en el detalle inferior, entre los dominios $D_1$ y $D_2$. A la derecha ilustramos el crecimiento de la asociación, su volumen, su masa (análoga al principal P) en diferentes unidades energéticas.

---

[a]
Para visualizar la estructura de conmutación necesitamos profundizar en la configuración inherente al manto cerrado de unidades binarias (Figura 21, ATLAS de la Ref. 3, *La Teoría de Todo*).

# VI

# La Relación Primordial
# Entre Espacio y Tiempo

El valor límite de la serie matemática que representa a la hebra primordial de la Unidad Existencial nos proporciona la relación entre espacio y tiempo primordiales de la que dependen nuestras experiencias de espacio y tiempo relativos necesarias para el desarrollo de consciencia.

# VII

## ACELERACIÓN

## Relación con la hebra energética y operacional primordial

## Gravitación Primordial y Energía Oscura

La naturaleza de la *hebra energética y operacional primordial* está en la Unidad Existencial.

Haciendo referencia a la expresión [d1] de la sección anteprevia, ya vimos que,

Frente a un cambio en la configuración de convergencia en el manto energético, la *aceleración máxima* del cambio en el hiperanillo de circulación de esa convergencia por período de circulación es e; y toda versión en una de las dimensiones del manto energético, que depende de sus parámetros, es una función exponencial de base e que relaciona el cambio en la partícula de prueba (P) y el tiempo o cantidad de rotación de referencia que representa el número de ciclos (m) de convergencia (T) de todas las redistribuciones sobre ese entorno.

La distribución del manto energético, del manto de fluído primordial, tiene un gradiente absoluto hacia el centro del mismo; es el gradiente que determina la propiedad topológica de *convergencia* del hiperespacio de existencia; es el gradiente que define el *campo primordial* sobre el que ocurren las modulaciones que definen las versiones temporales, entre ellas los *campos de fuerzas universales* [Ref.(A).4].

*El gradiente del campo primordial es el cambio de cantidad de rotación por unidad absoluta de espacio definido por el elemento de sustancia primordial; es el gradiente de densidad de rotación primordial.*

**El campo primordial es el campo gravitacional de la Unidad Existencial.**

Sobre el campo de fuerza primordial se establece la modulación de gravitación particular de cada estructura inmersa en él. La fuerza de desplazamiento de cualquier asociación o materia hacia la estructura presente, o entre ellas, depende de las masas de las estructuras y la distancia, conforme a una relación ya conocida.

La modulación se debe a las redistribuciones de las disociaciones y reasociaciones que tienen lugar en los entornos límites de la Unidad Existencial, en su núcleo y en su periferia; redistribuciones cuyas interacciones definen el entorno de convergencia, el entorno sobre el que tiene lugar el subdominio material del que es parte el proceso UNIVERSO.

**Sólo hay materia en el entorno de convergencia de la Unidad Existencial; en el entorno de convergencia e interacción de los dos subdominios del fluído primordial a lo largo de h$\Phi$.**

## Fuerza.

*Fuerza* es la acción del manto energético sobre el objeto, sobre la estructura de asociación de sustancia primordial, cuyo efecto es el cambio del estado de movimiento relativo observado y ponderado por el cambio de velocidad.

La acción del manto energético, del campo de fuerza, depende de la masa, de la cantidad de elementos de la asociación y de la geometría de asociación relativa a la del campo de aceleración.

## Pulsación primordial.

**Las disociaciones y reasociaciones que tienen lugar en los entornos límites de la Unidad Existencial generan la *pulsación primordial* de la que es parte la radiación cósmica que detectamos desde la Tierra.**

El *campo de fuerza primordial* dado por el gradiente de distribución de rotación de las unidades de energía, de las unidades de cargas primordiales del fluído primordial, pulsa debido a la *pulsación primordial*. Esta pulsación tiene una componente de mayor frecuencia posible, obviamente fuera de nuestro alcance, que varía entre dos límites, y sus asociaciones sucesivas dan lugar a las componentes de frecuencias y longitudes de onda, hasta llegar a la componente fundamental del entorno de convergencia, la componente fundamental de re-energización de la Unidad Existencial, la componente fundamental del *Sistema Termodinámico Primordial* [Refs.(A).3 y 4].

*Sistema Termodinámico Primordial* se define sobre la *hebra energética y operacional primordial* de la Unidad Existencial, a lo largo del hiperanillo de convergencia h$\Phi$.

## Aceleración del campo primordial.

La aceleración del *campo de fuerza primordial* es la rapidez a la que varía la distribución de rotación de los elementos del fluído primordial; la aceleración del *campo de fuerza primordial* se transfiere a todo lo que se halle inmerso en el campo, en el manto energético.

La aceleración del *campo de fuerza primordial* no es igual en todos los entornos de la Unidad Existencial sino que es un campo de fuerza exponencial hacia el núcleo de la Unidad Existencial, desde el que se desarrolla la primera componente de modulación que se redistribuye hacia la periferia [Refs.(A).3 y 4].

**El efecto del *campo de fuerza primordial* genera la misma aceleración en todos los cuerpos pues la distribución que lo define tiene lugar en el nivel fundamental de asociación de la sustancia primordial.**

Ya mencionamos antes que la aceleración del *campo de fuerza primordial* se transfiere a todo lo que se halle inmerso en el campo, en el manto energético. Hasta ahora se considera que <u>todo lo que hay inmerso en el campo se mueve con él</u>, <u>con la misma aceleración</u>; no obstante, no es así, hay algo más. Hay entornos con diferentes aceleraciones por acción de otras fuerzas o debido a modulaciones del *campo primordial*.

**El efecto de la aceleración del campo de fuerza depende de la masas *absoluta* (por la cantidad de elementos) y *variable* (donde interviene la frecuencia de los elementos), y de la geometría de asociación del objeto (de la geometría externa, de la superficie; e interna, de la configuración de asociación contenida por la superficie del objeto).**

Prueba de lo anterior es la fricción.

Si hay fricción en nuestra atmósfera, hay fricción para una partícula subatómica inmersa en un campo primordial.

La fricción es la acción de la diferencia de rotación entre los e-
lementos de la atmósfera, del manto energético, y los de la superficie del objeto; pero también hay una fricción interna debido a
la configuración de asociación del objeto.

## Origen de las Ondas Gravitacionales.

El valor límite e̱ se define por una interacción de un sistema
binario (por las interacciones entre dos entidades P e I̱). Luego, el origen de las ondas gravitacionales que nosotros experimentamos está en la estructura binaria natural de la Unidad
Existencial. Estas ondas son simples modulaciones sobre el
*campo de fuerza primordial*.

## Energía Oscura.

La interacción entre los dos dominios de redistribuciones de la *hebra energética y operacional primordial* da lugar tanto a una adquisición de masa, de ganancia de asociación, como a una cesión
de ella, por lo que toda asociación en el entorno de convergencia
que define a la *hebra de naturaleza binaria* se hace a expensas
de una cesión de los subdominios que convergen, sobre los que
se genera un gradiente que se va a oponer al crecimiento indefini-
do, como vimos. Ambos procesos, asociación y disociación tienen
lugar en el universo; luego, hay un entorno de convergencia cuyo
valor medio los permite.

*Energía oscura* es el subdominio de energía que cede la que
toma nuestro universo hasta que se alcance la *aceleración diferencial* nula entre la expansión del subdominio material (análogo a
P) y la contracción del subdominio que provee la energía (análogo

a l). Los subdominios llegan al punto de *aceleración diferencial* nula con redistribuciones de sentido opuesto a la de otro entorno recíproco de la Unidad Existencial de naturaleza binaria; entorno con el que nuestro subdominio material conforma la *Unidad Binaria (el Sistema Alfa-Omega)*[Ref.(A).4] *del Sistema Termodinámico Primordial.* El proceso no se detiene al llegar a esta condición pues el manto energético de la Unidad Existencial tiene una configuración en *"capas de cebolla"* [Ref.(A).4] con diferentes velocidades con respecto al nivel primordial, y diferentes volúmenes que proveen diferentes constantes de tiempo por las que por inercia la redistribución continúa entre dos estados límites de tres subdominios energéticos (TRINIDAD PRIMORDIAL) desfasados de manera que nunca puede alcanzarse un estado de reposo absoluto debido a la geometría natural del hiperespacio de existencia. El resultado es una oscilación eterna dentro de una presencia cerrada absolutamente. Esta oscilación se sustenta por un mecanismo a nuestro alcance [Ref.(A).4]. La Unidad Existencial es la *Unidad Resonante Primordial*, consecuencia natural de un manto cerrado de cargas binarias.

# PARTE 2

# Unidad Resonante Primordial

# *Potencial Universal*

## Ecuaciones Diferenciales de las Configuraciones Energéticas en Paralelo y en Serie Universales

# VIII

# Aceleración
# del Campo de Unidades de Cargas Binarias

# Fuerzas
# Primordiales, Universales y Locales

Recordemos que,

La serie matemática cuyo valor límite es la constante e describe en nuestro espacio de referencia a la *hebra energética y operacional primordial* que se establece y define como consecuencia natural inevitable, inescapable, de la presencia eterna de un colosal manto de cargas de naturaleza binaria.

La hebra resulta de la redistribución de las cargas debido a la reacción de las cargas frente a la nada fuera del manto[Refs.(A).3 y 4], lo que genera un gradiente de rotación debido a la geometría de la Unidad Existencial, una hiperesfera multidimensional de naturaleza binaria.

La integral del gradiente de rotación del manto de cargas primordiales es la fuerza primordial en la dirección de integración.

Esta distribución es modulada en infinitas constantes de tiempo debido a la pulsación primordial.

La pulsación primordial es resultado de la disociación y reasociación continua, incesante, que tiene lugar en los entornos límites de la Unidad Existencial, en la periferia $Z_{LÍM}$ y en el núcleo Zn.

## Campo de fuerza primordial.

## Resumen.

[Referencias (A).3, *La Teoría de Todo*, y (A).4, *Antes del Big Bang*].

Tenemos una distribución de cargas primordiales en el volumen de sustancia primordial cuya presencia eterna (<u>reconocida y confirmada en todas las relaciones causa y efecto de sus componentes temporales</u>), establece la Unidad Existencial.

**La distribución de cargas primordiales es una distribución de unidades de rotación.**

Que la distribución de las unidades energéticas dentro del volumen de la Unidad Existencial sea de unidades de rotación (núcleos) o de células energéticas (unidades de orbitación o circulación) es una cuestión de dimensión de asociación de la sustancia primordial. Por eso se tiene la *relación de rotación a circulación* $(\Xi/e*)^{Secc.\ XVII,\ Ref.(A)4}$. La *densidad de rotación* es máxima en los entornos límites $Z_{LÍM}$ y Zn, y la *densidad de circulación* es máxima en el entorno de convergencia $Z\Phi$.

**La distribución de rotación de la Unidad Existencial tiene un gradiente espacial radial.**

Además, el gradiente radial varía con la dirección radial, es decir, varía con la rotación de la Unidad Existencial conformando una espiral espacial $^{Ref.(A).3,\ Apéndices\ AT\ I,\ Fig.\ 21,\ y\ AT\ IV,\ Fig.\ D1}$.

El gradiente radial de la distribución de rotación del manto energético, del manto de sustancia primordial de la Unidad Existencial, es la rapidez a la que se redistribuye espacialmente la densidad de rotación.

Dado que el gradiente radial de la distribución de rotación de la Unidad Existencial no es lineal, entonces hay una variación con respecto a un gradiente lineal.

**La variación lineal con el tiempo es lo que llamamos *velocidad*, y la variación no lineal es *aceleración* cuya integral temporal es la *velocidad*.**

La aceleración del campo de distribución de densidad de rotación de la Unidad Existencial es el gradiente natural de distribución de rotación que establece y define el *campo primordial*.

El campo de distribución de rotación afecta a todo objeto que se encuentre inmerso en él.
El campo se redistribuye alrededor del objeto inmerso.
Esta redistribución en el campo gravitatorio del objeto o el *entorno de inserción* del mismo.
Esta redistribución depende de la masa del objeto.

**La *masa* del objeto es definida no sólo por la cantidad de partículas cuya asociación establece el objeto, sino también por la _geometría de la asociación_ y la frecuencia de las partículas.**

La redistribución del campo de distribución de rotación cambia; cambia la aceleración del campo.
La redistribución del campo alrededor del objeto cambia la rotación diferencial entre infinito y el objeto; ese cambio es lo que llamamos *fuerza temporal*.

**La *fuerza* es la integral del gradiente, de la *aceleración primordial* en el nivel absoluto, y todo cambio de la *aceleración primordial* es una *fuerza* (un cambio del campo de fuerzas) en**

---

otra dimensión energética que da lugar a un cambio en la rapidez a la que se mueve todo lo que se halle inmerso en el campo de fuerzas.

El objeto inmerso en el campo de fuerza es arrastrado por él. Diferentes objetos son arrastrados a diferentes velocidades debido a sus diferentes masas.

Sobre este arreglo de diferentes masas siendo arrastrados por un mismo campo primordial de aceleración "uniforme" en el entorno en que se hallan, todo otro cambio en el manto genera una variación adicional de velocidad de arrastre.

**El *campo de fuerza primordial* es el campo de aceleración de distribución de cargas primordiales, de distribución de la rotación del manto a nivel primordial. Este campo se modula por la presencia de masa, de asociaciones, y sus interacciones.**

**La fuerza primordial es la integral de la densidad de cargas del manto energético entre infinito y el objeto, que mueve al objeto a una velocidad relativa a la de distribución del manto sin el objeto.**

El cambio del gradiente natural, el cambio de la fuerza natural, ya sea por un proceso de asociación o disociación local o de redistribución de la geometría de asociación del objeto (que incluye la *geometría de la atmósfera de inserción*, del manto alrededor de él) se observa como cambio del estado natural de movimiento del objeto, y se pondera por el cambio de rapidez relativo, por la *aceleración relativa* a una referencia local inmersa en el mismo manto, y su integración en el tiempo.

La fuerza natural actuando sobre un cuerpo es la resultante de la integral de los gradientes de distribución del manto energético,

---

en todas las dimensiones o "capas de asociaciones" del manto y sobre todas las direcciones espaciales. Esta integral tiene una resultante en la dirección de desplazamiento con respecto a otro ojeto inmerso en el manto.

Con respecto al manto, la resultante es en la dirección del gradiente del manto, de la aceleración del manto, y con una intensidad a la que llamamos fuerza y que depende de la masa del objeto. Luego, la aceleración que empleamos en nuestro entorno, excepto el caso de la *aceleración del campo gravitatorio*, es la *aceleración relativa*, es el cambio de velocidad con respecto a otra de referencia local.

## Sistema Armónico Universal.

## Pulsación de un objeto inmerso en el campo primordial.

**La pulsación de todo lo que se halla inmerso en el manto energético universal se debe a la convergencia sobre él de la pulsación primordial que se transfiere por todo el manto, y va siendo modulada por las redistribuciones en los entornos límites de la Unidad Existencial y la presencia de las asociaciones con las que interactúa.**

NOTA.
Recordar que la pulsación primordial de la distribución de rotación del manto de fluído primordial se origina en, y distribuye desde los entornos límites $Z_{LÍM}$ y $Zn$ de la Unidad Existencial.

La fuerza que aplicamos a nuestro objeto en observación, que deseamos que se mueva en una dirección determinada, es el cambio en esa dirección de la distribución natural del manto energético en el que se halla inmerso.

Esa fuerza es, una vez más, la integral de redistribuciones de unidades de cargas binarias, de unidades de rotación.

Es decir, que si sobre un objeto ideal, esférico, se aplica un gradiente de rotación en todas las direcciones espaciales radiales hacia el objeto, éste no cambia la dirección de movimiento natural original, pero hay un cambio en su estado interno que se ve en algún subespectro de pulsación, cambia la *masa variable* por lo que cambia la rapidez de movimiento previo por cambio en la estructura trinitaria de circulación (tal como lo veremos más adelante en las *ecuaciones diferenciales universales*).

**Esta relación, tanto de cambio de pulsación como de desplazamiento es dada por la *hebra energética y operacional primordial* cuyas operaciones se conservan en ambas configuraciones de interacciones, en serie y en paralelo.**

En el caso de cambio de pulsación en todas las direcciones espaciales, la relación entre la fuerza y el objeto es a través de su masa, nada más; es la relación entre masa [el principal (P) en la aplicación financiera de la serie matemática cuyo valor límite es la constante e] y la frecuencia de interacciones (frecuencia de pulsaciones) en el entorno de convergencia. La convergencia de la redistribución de la pulsación del manto generada por presión en el manto induce al objeto a tomar más carga, más rotación desde el exterior, por lo que la masa original crece, se expande. En rigor, también cambia el entorno de inserción (lo sabemos; a mayor masa hay mayor campo gravitatorio hacia el objeto), y cambia la estructura de circulación de la superficie de convergencia, de la superficie del objeto material. **Esto nos hace reconocer una masa como cantidad de partículas asociadas, y otra masa como resultado de esa cantidad de partículas y sus rotaciones individuales que se "asocian", se ponen en fase o se reorientan sus ejes de rotaciones.**

**La fuerza que aplicamos a nuestro objeto en observación para que se mueva en una dirección determinada tiene tres**

componentes para cambiar las *geometrías de los tres compo-nentes de masa de la trinidad energética* por la que se establece y define el objeto en el manto energético en el que se encuentra inmerso: interna [*inercia, inducción (IND)*], superficial (*fricción*), externa [*entorno de inserción, gravitación local (GRA)*].

NOTA.

(IND) y (GRA) se refiere a los campos interno y externo de la *Partícula Absoluta*, la Unidad Existencial. Ver Figura I, ATLAS.

## La fuerza es dada por el flujo de cargas, por el flujo de cambio de rotación.

## La fuerza es análoga a la corriente, al flujo de cargas eléctricas.

Para determinar la ecuación diferencial universal de la que se derivan todas las ecuaciones de los sistemas cerrados en todos los subespectros energéticos, incluyendo la *ecuación diferencial de los sistemas mecánicos*, necesitamos revisar la interpretación del momento, M=m.v.

## Momento.

## Revisión de la interpretación actual frente a la *estructura energética trinitaria* de toda asociación material.

La cantidad de movimiento, el momento M=m.v, es la cantidad de movimiento instantánea del objeto de masa m con respecto a la cantidad de movimiento previa, o con respecto a la de otro objeto presente en el mismo entorno energético, ponderada frente a una cantidad de movimiento de referencia.

El momento de un móvil no nos dice mucho acerca de cómo se transfiere energía a través de él para dar lugar a esa cantidad de movimiento.

Veamos los dos casos posibles análogos a las transferencias en las configuraciones en serie y en paralelo de los sistemas RLC (Resistencia-Inductancia-Capacitancia) en el subespectro electromagnético (ELM). **En realidad, las configuraciones serie y paralelo en el subespectro electromagnético son versiones de las *configuraciones serie y paralelo universales*.**

**En el subespectro electromagnético, la inserción de una impedancia Z modifica la rapidez natural a la que se redistribuye el potencial V en la fuente de potencial $\Delta V$ o $V_{CC}$. La rapidez es la corriente $\underline{I}$, flujo de cargas por unidad de tiempo.**

**En el subespectro mecánico, la inserción de una partícula de masa $\underline{m}$ (análoga a la inductancia de la impedancia Z) modifica la rapidez natural de la fuerza presente (del gradiente) del manto energético; modificación evaluada limitadamente por el movimiento del objeto inmerso. Luego, sobre este sistema modificamos el estado de movimiento del objeto con otra fuerza de nuestra generación o aplicación. La velocidad v en (M=m.v) nos da el flujo por unidad de tiempo de las cargas redistribuídas en el manto (la fuerza), flujo medido por el desplazamiento de las cargas contenidas y representadas por $\underline{m}$.**

**Caso (A).**

**Ecuación de una configuración serie universal.**

**Transferencia a lo largo de una trayectoria, de una hebra energética.**

**Para establecer la transferencia de energía de una fuente**

**al móvil cuyo momento se observa debe plantearse una e-cuación diferencial universal.**

En cualquier instante, en cualquier circunstancia, toda partícula o entidad existencial tiene una cantidad de movimiento inherente que se pondera relativamente con respecto a alguna referencia local.

La cantidad de movimiento se debe a la acción de una fuerza natural.

Aunque nuestra partícula en observación esté asociada y fija a la Tierra, ésta es parte de un sistema orbital; luego, nuestra partícula "inmóvil con respecto a la Tierra" tiene una hebra natural sobre la que se desplaza y con respecto a la cual es que se introduce una fuente local para cambiar esa hebra por otra en la dirección deseada.

Toda partícula puede tratarse análogamente a lo que ocurre con las cargas eléctricas.

El potencial eléctrico es el trabajo que hay que ejercer sobre una carga eléctrica (que es un cambio de rotación por unidad de tiempo) para traerla desde infinito hasta el punto deseado del campo eléctrico.

Lo mismo para nuestra partícula material, pero ahora es la fuente local, la fuerza adicional (el cambio del campo natural), la que se extiende infinitamente sobre una hebra energética que se cierra sobre el tramo finito en nuestro entorno que deseamos explorar; fuerza que genera un flujo de movimiento (de cambio de movimiento) por unidad de tiempo, es decir, que tiene *un potencial universal*".

Lo que nos interesa es evaluar el cambio de fuerza que da lugar a un cambio observado, o la fuerza a aplicar para generar un cambio que deseamos.

La fuerza se aplica sobre el móvil que tiene una cantidad de movimiento relativo dada por la expresión,

**M = m.v** [1]

La fuerza se aplica para cambiar ese momento M=m.v, cambio que incluye no sólo el *entorno de fricción* sino también la *atmósfera de inserción* del objeto en el manto energético.

La *atmósfera de inserción* es el "campo gravitatorio" propio del objeto.

Conforme a la revisión ya vista de la fuerza como la integración del cambio del gradiente o de la aceleración natural del campo e-nergético, del manto energético local, y al reconocimiento de la estructura trinitaria del sistema *partícula-manto energético* [*entorno de inserción, superficie de la partícula, y masa* (contenido de la superficie)][Ref.(A).3] sobre la que se debe aplicar la fuerza y sobre la que ésta ha de actuar,

planteamos la siguiente expresión para el desplazamiento de un móvil a lo largo de una hebra energética, de una trayectoria de redistribuciones reales que tiene que ocurrir en el manto energético en el que se encuentra inmerso el objeto móvil, expresión a la que justificaremos enseguida y luego revisitaremos en la sección ATLAS frente a la expresión análoga para el subespectro electro-magnético (ELM),

$$P_U = (m.dv/dt) + (c.v) + (k.\int v.dt) \qquad [2]$$

$P_U$ es el *potencial universal*; es el potencial del que el potencial eléctrico V es una versión para otro subespectro energético; es el trabajo que hay que hacer por unidad de masa por unidad de tiempo.

*Potencial universal* es la fuerza universal ponderada sobre los dos componentes de la variable energía: *masa y frecuencia* (de la que depende el tiempo de redistribución).

La expresión [2] es resultado de la revisión de la clásica ecuación diferencial de un sistema de segundo orden que exploramos en relación a la Figura VI del ATLAS.

En esta revisión destacamos que,

**(m.dv/dt)** es lo que Newton reconoció como la fuerza f=m.a, la fuerza para generar un cambio de movimiento, una aceleración a con respecto al estado de movimiento previo, siendo a el cambio de velocidad v expresado por dv/dt, y el estado de movimiento previo es M=m.v, donde v tiene un valor, el que sea (valor inicial desde el que se observa el cambio). Luego reconoceremos que el momento M=m.v es una simplificación dada por la observación de un estado instantáneo, que puede ser permanente o parte de un proceso transitorio de cambio desde un estado inicial desde el que se comienza a observar. M=m.v es como la expresión V=i.R del potencial eléctrico, en que V es el potencial en el momento de la medición sobre el resistor R, pero no nos dice del transitorio para llegar a ese valor pues hemos supuesto que no hay inductancia ni capacitancia discretas externas (L y C), pero siempre hay inductancia y capacitancia asociada al resistor R y que tienen importancia a diferentes frecuencias de excitación; igualmente, en m.v hay componentes que afectan a la velocidad (análoga de la corriente I, del flujo de cambio de cargas por unidad de tiempo, que en este caso es flujo de cargas primordiales medido por el efecto relativo sobre el cuerpo de masa m).

**(m.dv/dt) es el cambio que tiene lugar sobre la masa m de la estructura trinitaria del sistema *partícula-manto energético*, estructura trinitaria que incluye el *entorno de inserción* de la partícula en el manto, y la hipersuperficie de convergencia de las redistribuciones de la asociación interna de la partícula y del manto energético; convergencia que tiene lugar sobre la superficie de la partícula y se observa por la turbulencia cuyo efecto llamamos *fricción*.**

**Hay una redistribución de la circulación interna dentro de la partícula.**

**Debemos revisar el concepto de masa como cantidad de**

**partículas, y masa como efecto por la frecuencia de cada una de esas partículas,** algo que no tenemos en cuenta a pesar de que es observable con el cambio de temperatura.

La componente de la **masa** dada por la frecuencia de las partículas es absolutamente análoga a la **inductancia** L de los sistemas electromagnéticos.

Volveremos a insistir en esta analogía.

Luego,

(m.dv/dt) es la componente de la *fuerza motriz universal* $P_U$ (que hasta ahora hemos llamado genéricamente fuerza F) actuando para redistribuir la componente variable de la masa, es decir, la "masa aparente", uno de los tres componentes a cambiar del sistema *partícula-manto energético*.

**(k.∫v.dt)** es la fuerza para ir redistribuyendo el manto, o para ir "desplazando" la atmósfera de inserción del objeto a todo lo largo de la trayectoria que se explora y pondera.

La *atmósfera de inserción* es el "campo gravitatorio" propio del objeto.

¡ATENCIÓN!

Una vez más, no confundir esta redistribución con la fricción.

La fricción es la redistribución que tiene lugar en el entorno inmediato a la superficie del material, o mejor aún, en la superficie misma del material.

**La fricción es el efecto resultante de la convergencia de las redistribuciones desde el interior y el exterior de la superficie del material sobre un subespectro particular de la asociación que define a la superficie.**

**Las características de la superficie del cuerpo que se mueve genera una redistribución a la que reconocemos como turbulencia superficial, que tiene características y constante de tiempo diferente a la del entorno de inserción (muy rápida para el entorno de inserción).**

Hay una reconfiguración de la *atmósfera de inserción* con respecto a la configuración en reposo que es radial uniforme hacia el objeto ("campo gravitatorio" del objeto); y hay una compresión en el frente de desplazamiento del objeto. Esta compresión tiene el efecto de un resorte, de un amortiguador neumático; por eso empleamos una constante k análoga a la de un amortiguador, que es el efecto del manto energético (o de la atmósfera local) frente al desplazamiento del objeto. Ver Figura VI, ATLAS.

**El entorno de inserción tiene importancia conforme a la masa de inserción, o a la frecuencia de pulsación si es una partícula infinitesimal.**

(c.v) es la fuerza para vencer la fricción, el efecto de la turbulencia superficial;

c es el coeficiente de fricción.

La fuerza universal o *potencial universal* $P_U$ en [2] se aplica al móvil de masa $\underline{m}$ para cambiar el momento dado por [1], M=m.v; pero insistimos en que la expresión del momento no nos dice de la fricción ni de la *atmósfera de inserción* sino sólo de la cantidad de movimiento de la partícula teniendo en cuenta su masa $\underline{m}$ y nada más.

Esta cantidad de movimiento es lo que durante el transitorio de aceleración o desaceleración es afectado por la *inercia* del cuerpo, por la redistribución interna que tiene lugar durante todo cambio de fuerzas. Para cada configuración espacial del campo de fuerzas, del manto energético, la masa de la partícula o cuerpo en estado de reposo (en estado de movimiento natural inducido por el manto) tiene una configuración de circulación y pulsación interna). Esta configuración interna cambia con el cambio del campo de fuerzas externo. Hay un retraso en la redistribución interna al inicio del cambio de fuerzas, y al final de la aplicación del cambio de fuerzas. **Esa redistribución es lo que se ha llamado *inercia*.** Hay una cantidad de movimiento que desde la fuente de fuerza (o de cambio de fuerza) está siendo transferida a través de la masa $\underline{m}$, y que desde la masa $\underline{m}$ es devuelta al cesar la aplicación de la fuerza con constante de tiempo más lenta que la de *fricción* y la del *entorno de inserción*. Visto con más detalles, la redistribución transitoria interna (que también tiene lugar en la *atmósfera de inserción* obviamente en otra constante de tiempo) y su interacción con la redistribución externa generan la *fricción* total, efecto que depende de la rugosidad de la superficie de la partícula, o del cuerpo material, sobre la que convergen las redistribuciones, y sobre las que éstas interactúan entre sí.

(*Fuerza* es la integral del gradiente de rotación del campo, del manto energético, que actúa sobre el objeto móvil en la dirección de desplazamiento. *Potencial* es la fuerza por unidad de masa y por unidad de tiempo).

**Cuando cesa la fuerza sobre el objeto, hay una cantidad de movimiento remanente dentro del objeto, hay una redistribución dentro del arreglo de masa m que provocó la fuerza actuante, que al regresar a su configuración natural dada por la inmersión en el manto energético va haciendo disminuir el desplazamiento hasta que cesa la redistribución.**

## Resonancia en los sistemas universales de segundo orden.

Como vimos, aunque no es tenido en cuenta, o al menos no de esta manera,

**Hay también una acción inercial opuesta desde el *entorno de inserción*, aunque usualmente es muy pequeña frente a la inercia debido a la masa del objeto. Sin embargo, en las grandes nuclearizaciones universales, estelares, esta componente es significativa dado que está encerrada en otra dimensión energética y su interacción con la masa de la nuclearización es la que entra en resonancia.**

La masa de la partícula, del objeto, es análoga a la inductancia L de los arreglos RLC electromagnéticos. Ver Figuras III, IV, V.

Revisitemos la *fricción*, el efecto de redistribuir el manto energético inmediatamente sobre la superficie del objeto móvil; este efecto causa una turbulencia dependiendo de las características geométricas de la superficie y su rugosidad sobre la que se generan los entornos infinitesimales de turbulencias que afectan al desplazamiento.

En los sistemas electromagnéticos la *fricción* es el efecto de redistribuir las cargas, las rotaciones de los electrones libres, en la superficie del resistor de resistencia R cuya estructura se opone a esa redistribución.

**Frente al desplazamiento cambia la circulación de la superficie de convergencia (*fricción*); cambian las estructuras de circulaciones del arreglo interno y de la *atmósfera de inserción*. Los transitorios de cambios es el efecto observado que llamamos *inercia*.**

**Caso (B).**

**Ecuación de una configuración en paralelo.**

**Transferencia sobre y desde una partícula, o interacciones *partícula-manto energético*.**

Es la configuración sobre la que se observa y describe la expansión o contracción de una partícula o móvil; o estado y, o condiciones para su pulsación.

Ver Figuras IV, VI y VII en el ATLAS.

$$v = (1/m).\int P_U.dt + (1/c).P_U + 1/k.(dP_U/dt) \qquad [3]$$

No es necesario detenernos aquí.

Todo cuanto se dice para los sistemas electromagnéticos puede extenderse ahora a los sistemas universales de los que los sistemas electromagnéticos son versiones en su subespectro energético. Donde antes tratábamos con componentes discretos aquí lo hacemos con dominios de distribuciones y con frecuencias portadoras en vez de individuales.

Conviene visualizar que,

el efecto del *potencial universal* $P_U$ en el caso de configuraciones energéticas en paralelo se pondera sobre el hiperanillo ecuatorial h$\Phi$ de la partícula, y por el *factor Q de calidad de resonancia* del sistema *partícula-manto energético*.

# IX

# Ecuaciones Diferenciales Universales

Cantidad de movimiento instántaneo de un móvil,

$$M = m.v \qquad [1]$$

Configuración de desplazamiento en serie, a lo largo de una hebra,

$$P_U = (k.\int v.dt) + (c.v) + (m.dv/dt) \qquad [2]$$

Configuración de desplazamiento en paralelo (expansión o contracción de una partícula o móvil, o de su pulsación),

$$v = (1/m).\int P_U.dt + (1/c).P_U + (1/k).(dP_U/dt) \qquad [3]$$

# X

# Tierra

## Calentamiento Global

## Factor de Calidad de Resonancia (Q) en la configuración universal en paralelo

**Para el subespectro electromagnético (ELM),**

$$Q_{P(e)} = R/(2\pi.f.L) = 2\pi.f.RC = R.(C/L)^{1/2} \qquad [1]$$

**Para el subespectro mecánico (MEC),**

$$Q_{P(m)} = c/(2\pi.f.m) = 2\pi.f.c/k = c.[1/(k.m)]^{1/2} \qquad [2]$$

El factor $Q_P$ de calidad de resonancia de la estructura trinitaria de un sistema *partícula-manto energético* se define como la relación entre la energía almacenada y la energía disipada por ciclo de atenuación.

De manera que de mantener el valor natural de este factor $Q_P$ es que depende la energía disipada del sistema trinitario y por lo tanto, para el caso de nuestro planeta, el calentamiento global.

La energía se disipa en la componente resistiva, en la estructura de la superficie de convergencia del planeta, la superficie en la que nos encontramos.

Lo importante, sin más detalles, es que la estructura de la superficie del planeta por la que tiene lugar la disipación de energía correcta depende de la relación e interacción entre los subdominios energéticos $D_1$ y $D_2$ (cuyos parámetros análogos a L y C son masa m y constante k, respectivamente), dominios a los que estamos afectando seriamente en desarmonía con sus evoluciones naturales.

Esta evolución tiene que ocurrir al ritmo dado por todo el sistema solar que determina esa relación por la que se sustenta la frecuencia f de oscilación (rotación), que a su vez es armónica de la frecuencia de orbitación. Puesto que la frecuencia de orbitación no va a variar por nuestras actividades, lo que sí puede variar es la estructura de convergencia energética, la superficie del planeta y, o la frecuencia de rotación, que aunque puede reajustarse por un desplazamiento lunar éste causaría un "decapado" de la atmósfera.

Debemos prestar atención al efecto degenerativo de nuestras actividades.

No solamente estamos afectando seriamente la superficie del planeta (fundamentalmente por la deforestación y la contaminación de tierras y aguas) sino también la atmósfera ($D_2$) y la estructura interna ($D_1$) por la extracción de los hidrocarburos.

# PARTE 3

# ATLAS

# Estructura Trinitaria de la Unidad Existencial

Analogía entre los sistemas electromagnéticos, las nuclearizaciones universales y las hebras energéticas

# Hebra Energética y Operacional Primordial

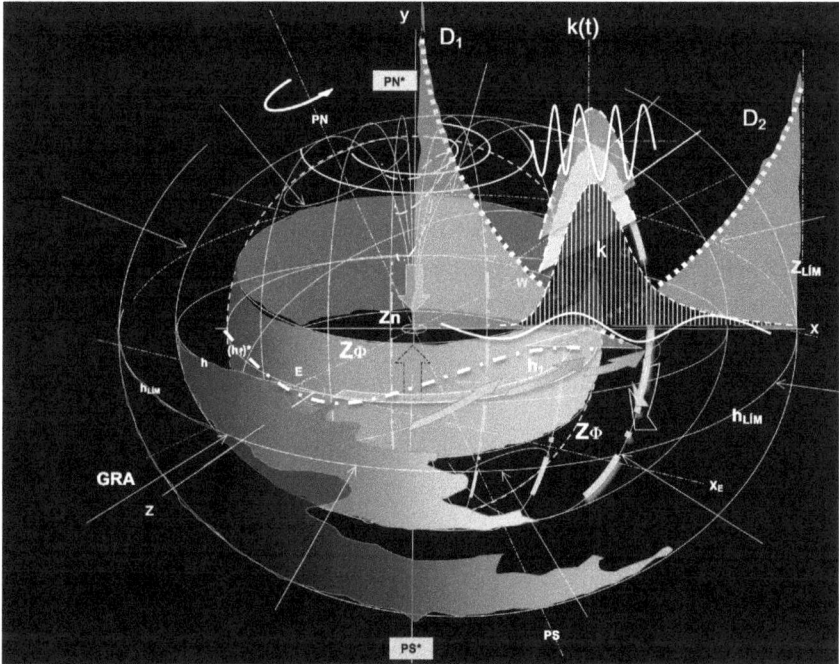

**Figura I.**
**Unidad Existencial.**
**Unidad Resonante Primordial.**
**Sistema Termodinámico Primordial.**

Ya vimos que,

la convergencia de las redistribuciones de dos subdominios $D_1$ y $D_2$ de un dominio absoluto del fluído primordial definen un *entorno de convergencia* alrededor de un hiperanillo límite h$\Phi$ (o $h_1$ en las nuclearizaciones internas de la Unidad Existencial).

El *entorno de convergencia* es una distribución (k) de asociaciones que resulta de las interacciones de las redistribuciones convergentes a ambos lados de una banda ZΦ que eventualmente en las infinitas dimensiones energéticas puede ser desde un hiperanillo o una hebra simple (anillo de naturaleza binaria), hasta una hiperesfera.

**Esta banda de convergencia es el dominio material.**

**Sobre esta banda tiene lugar el *Sistema Termodinámico Primordial* que permite alcanzar, es decir, hacer realidad la *Teoría de Todo*.**

La operación energética que sustenta esta banda de convergencia parte de una operación primordial que se describe por una serie matemática, por una secuencia de redistribuciones que tiene lugar en la primera dimensión del manto de fluído primordial, dimensión de la que es versión absolutamente válida un entorno o subdominio del espacio de referencia matemático en el que se describe la serie.

## Configuración Natural de la Presencia Eterna del Manto de Fluído Primordial.

La *hebra operacional* describe la operación que tiene lugar en una *hebra energética* que resulta inevitable, inescapablemente de la presencia eterna de un colosal manto de cargas de naturaleza binaria; presencia eterna ya reconocida, descripta matemáticamente, y confirmada en los procesos UNIVERSO y SER HUMANO.

La distribución de circulación que toma el volumen de cargas binarias de la Unidad Existencial es inherentemente inteligente.

En el nivel primordial, elemental, en la *hebra energética y operacional primordial*, la inteligencia es la secuencia de operaciones que se describe en nuestro espacio de referencia por la serie matemática cuyo valor límite es la constante $\underline{e}$.

La *hebra energética* tridimensional en paralelo, la Unidad Existencial, tiene una configuración de circulación: la *hebra energética* lineal, en serie.

La no-existencia fuera de $Z_{LÍM}$ provoca la configuración de dos subdominios de asociaciones del dominio o presencia de cargas binarias: los subdominios $D_1$ y $D_2$.

La interacción entre ambos [análogamente vistos como subdominios *Inversionista* ($D_1$) y *Mercado de Trabajo Local* ($D_2$) en la aplicación financiera, PARTE 1] genera el cambio de circulación dado por el valor e. El valor e es la base de la función que relaciona el cambio de masa por período T de circulación durante el tiempo t de redistribución de la convergencia frente a un cambio en la frecuencia de pulsación de la convergencia.

**Lo que nos provee la *hebra operacional* descripta por la serie matemática es el cambio de circulación, cambio de rapidez de asociación, que en nuestro dominio es cambio de aceleración del campo primordial a lo largo de la *hebra energética ecuatorial hΦ*.**

**La *hebra energética* no se genera; es una presencia eterna que sustenta el proceso descripto por la *hebra operacional*.**

Los subdominios convergen con diferentes rapideces debido a la geometría de la Unidad Existencial (hiperesfera). En el hiperespacio energético, en un subdominio de interacciones llegan a hacerse iguales las rapideces pero llegando al punto de igual velocidad con diferentes aceleraciones en otro subdominio, por lo que se invierte el proceso de convergencia a divergencia.

El *cambio de circulación* es cambio de rapidez; es *aceleración del campo de fluído primordial* en la estructura de circulación.

—

La aceleración, el gradiente de cambio de la distribución del campo de cargas primordiales es eso, rapidez de cambio del campo, y es visto por el efecto de cambio de velocidad relativa en otro subdominio energético sobre un móvil de prueba o bajo observación.

# Analogía Partícula Universal-RLC

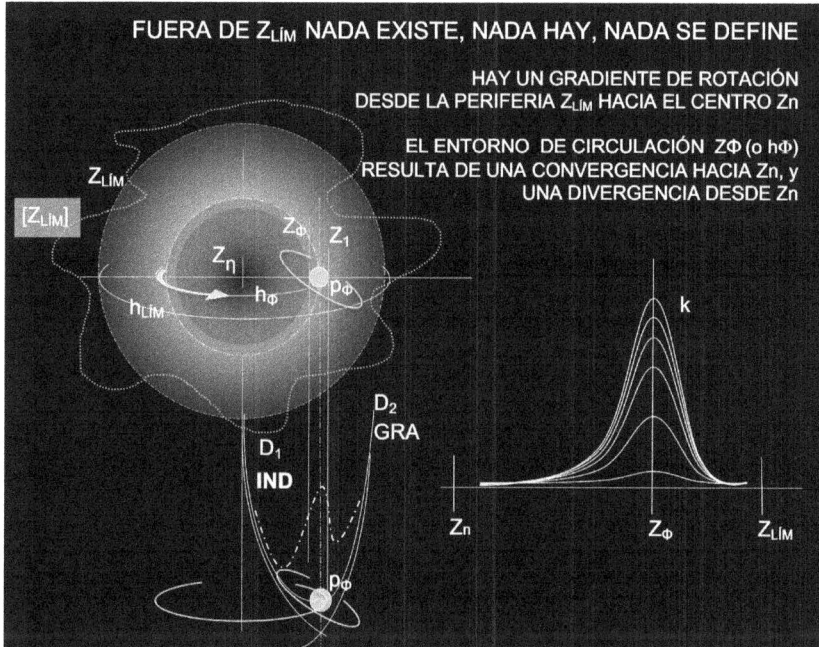

FUERA DE $Z_{LÍM}$ NADA EXISTE, NADA HAY, NADA SE DEFINE

HAY UN GRADIENTE DE ROTACIÓN
DESDE LA PERIFERIA $Z_{LÍM}$ HACIA EL CENTRO $Z_n$

EL ENTORNO DE CIRCULACIÓN $Z\Phi$ (o $h\Phi$)
RESULTA DE UNA CONVERGENCIA HACIA $Z_n$, y
UNA DIVERGENCIA DESDE $Z_n$

$Z_{LÍM}$
$[Z_{LÍM}]$
$Z_\Phi$  $Z_1$
$Z_n$
$h_\Phi$
$h_{LÍM}$
$p_\Phi$

$D_2$
GRA
$D_1$
IND
$p_\Phi$

k

$Z_n$    $Z_\Phi$    $Z_{LÍM}$

## Figura II.

La presión absolutamente infinita desde la nada, la no existencia fuera de $Z_{LÍM}$, genera una fuerza radial igual en todas las direcciones radiales hacia $Z_n$. El resultado es una hiperesfera que contiene el volumen de sustancia primordial y sus asociaciones. Esta hiperesfera es la hipersuperficie límite $Z_{LÍM}$.

**¡ATENCIÓN!**
**La fuerza neta se cancela en el núcleo n (en $Z_n$).**

El volumen de cargas primordiales, de la primera generación de asociaciones de la sustancia primordial y sus sucesivas gene-

raciones, todo inmerso sobre un manto de sustancia sín asociaciones, se redistribuye conformando la estructura de circulación
primordial, la *Unidad de CIrculación* de la Unidad Existencial, o el
*Sistema Termodinámico Primordial* de naturaleza binaria.

**Toda asociación de sustancia primordial, en to-
da y cualquier forma espacial y dimensión de asociación, tiene una estructura energética trinitaria.**

# Analogía Partícula Universal-RLC

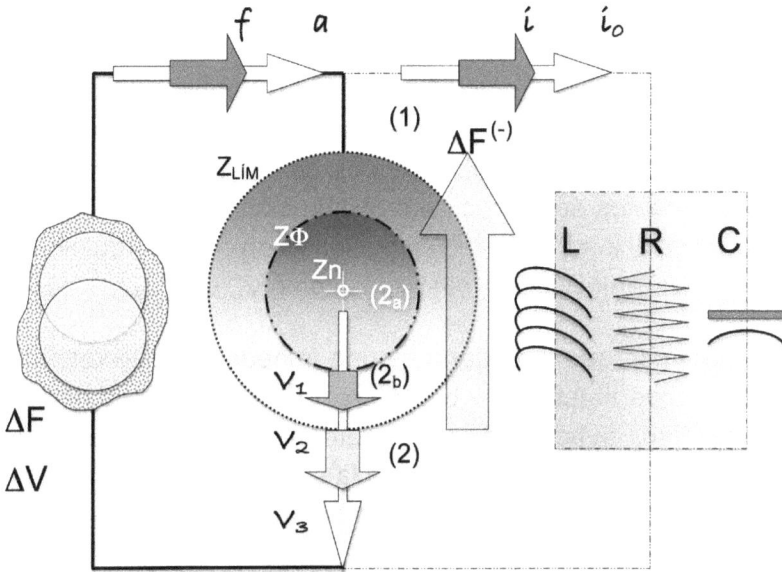

**Figura III.**

La configuración RLC en paralelo en el subespectro electromagnético (ELM) es análoga a la de un entorno cerrado de cargas binarias que se distribuyen conformando una estructura trinitaria.

**La función de redistribución de cargas binarias se conserva en una u otra configuración debido al isomorfismo de la función, isomorfismo permitido por el hiperespacio de existencia.**

La fuente de fuerza universal $\Delta F$, o de *potencial universal* $P_U$, se cierra sobre dimensiones diferentes de asociación del manto de sustancia primordial que son modulaciones del manto primordial, absoluto. La configuración análoga a [RLC] en paralelo es la configuración trinitaria [$D_1$, $D_2$, k] como una modulación sobre el manto primordial. De esta modulación, nuestra materia es lo que es contenido por la superficie de convergencia $Z\Phi$ o la superficie S del material.

Hay una convergencia en todas las direcciones radiales desde la periferia $Z_{LÍM}$ hasta $Zn$; y desde $Zn$ comienza la redistribución hacia $Z_{LÍM}$ en diferentes subespectros de asociaciones con diferentes constantes de tiempo de redistribución que dan lugar a las diferentes velocidades de redistribuciones en nuestro dominio de interacciones, velocidades mostradas como $v_1$, $v_2$ y $v_3$.

Recordemos que la materia es una impedancia que retrasa el flujo de cargas naturales sobre diferentes subespectros de interacciones. Esos subespectros son determinados por las estructuras de las asociaciones internas, de la superficie, y del entorno de inserción de la materia en el manto energético en el que se encuentra presente.

# Analogía Partícula Universal-RLC

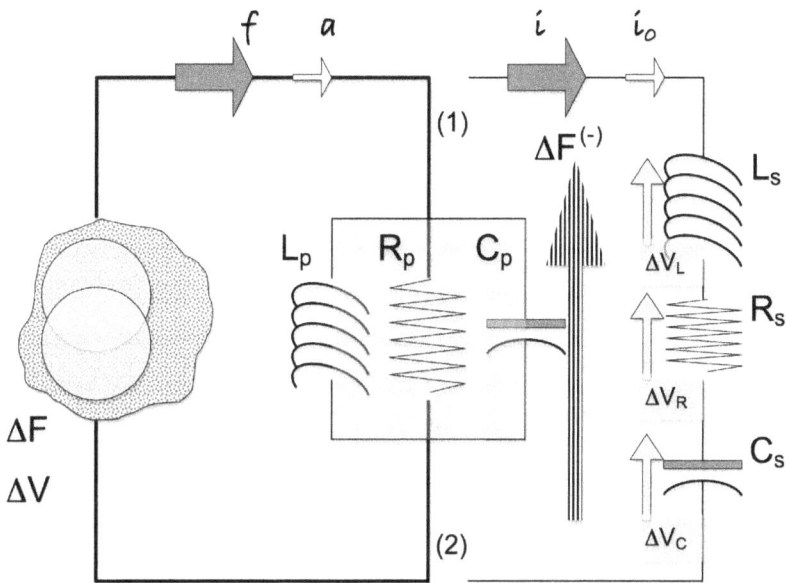

Figura IV.
Configuración en paralelo.
(A la izquierda de la figura).
Es la configuración natural de la partícula inmersa en el manto energético. (Revisitar Figuras II, III; y ver Figura VII).

$\Delta V = i.Z_{PARALELO}$

$\Delta F = \Delta V$ ["corriente"; cambio de la fuerza ($f$) o aceleración ($a$) en otra dimensión energética; flujo energético].$Z_{PARALELO}$

Recordemos que $\Delta F = \Delta P_U = \Delta V$ si nos abstenemos del subespectro para el que se define la fuerza por unidad de impedancia primordial (la unidad de carga primordial) y por unidad de tiempo.

La ecuación diferencial de la <u>configuración en paralelo</u> describe la interacción entre la partícula y el manto energético; describe la relación entre los componentes manto como fuente y la trinidad de la partícula para evaluar cambios de estado de la partícula observados sobre su superficie de convergencia energética, su superficie que contiene la asociación que define a la partícula. Ver Figura VII.

## Configuración en serie.
## (A la derecha de la figura).
## Es la configuración de una hebra de desplazamiento.

$\Delta V = i.Z_{SERIE}$

$\Delta F = (velocidad).Z_{SERIE}$

Como el proceso existencial es un proceso cerrado absolutamente, todo cambio de estado de movimiento de una partícula sobre una línea de desplazamiento se pondera sobre una hebra energética cerrada, aunque sea un tramo finito.

El cambio se pondera con respecto a una hebra infinita donde el resto de la misma es ocupado por la fuente.

**La fuente local, la que sea, genera un cambio del manto energético, un cambio en la dirección de acción de la fuente; luego es el resto de la *hebra manto energético* que se cierra con el desplazamiento deseado. Quizás no lo percibimos así, pero la función de redistribución natural se conserva incorporando el cambio.**

**Todo nuestro dominio material orbita alrededor de**

**la nuclearización primordial.**

**Nuestro dominio material es parte de la hebra de circulación primordial que se extiende a lo largo de hΦ, el hiperanillo de convergencia de la Unidad Existencial.**

Aunque nuestra partícula en observación esté asociada a la Tierra, ella es parte de un sistema orbital; luego, ella tiene una hebra natural sobre la que se desplaza y con respecto a la cual es que se introduce una fuente local para cambiar esa hebra por otra en la dirección deseada.

Es análogo a lo que ocurre con las cargas eléctricas.

El potencial eléctrico es la fuerza que hay que ejercer sobre una carga eléctrica para traerla desde infinito hasta el punto deseado del campo eléctrico. Recordar que el potencial se pondera por flujo de cargas, cambio de cargas (rotación) por unidad de tiempo.

**Lo mismo para nuestra partícula material. La fuente se extiende infinitamente sobre una hebra energética que se cierra sobre el tramo finito en nuestro entorno que deseamos explorar. Tener en mente que la hebra puede no ser visible en nuestro dominio pero se extiende en otros.**

La ecuación diferencial de la configuración serie describe el cambio del estado de movimiento de una partícula material a lo largo de la hebra de desplazamiento; describe la respuesta a un cambio en algunos de sus parámetros que definen la hebra; obviamente describe también el cambio necesario de la configuración de fuerzas para provocar el desplazamiento sobre una hebra a partir de un estado de reposo aparente (por ser parte de una estructura mayor; por ejemplo, un objeto en la Tierra está en reposo relación con ella, pero, y como dijimos antes, es parte de una hebra de orbitación).

El cambio de movimiento a lo largo de una hebra energética, o el desarrollo de desplazamiento desde un estado de reposo, se pondera por el cambio observado sobre la superficie de convergencia de la partícula, sobre la superficie S que contiene la asociación que le establece y define.

**¡ATENCIÓN!**

**Una fuente de potencial universal continuo es una fuente resultado de la convergencia de infinitas componentes de frecuencia.**

**Luego, <u>el cierre completo de la redistribución de una fuente de cargas binarias, de unidades de rotación de infinitas frecuencias y longitudes de onda, va a tener lugar en varios subespectros</u>. Esos subespectros tienen tres dominios de aceleraciones que determinan las tres constantes de tiempo en cada componente [L, C, R] o [$D_1$, $D_2$, k] de la configuración, y la constante de tiempo resultante.**

**Puesto que la componente de mayor frecuencia está en todos los elementos de sustancia primordial de la Unidad Existencial, asociados o no, Todo Lo Que Es, Todo Lo Que Existe se encuentra enlazado por esa frecuencia que de este modo conforma la propiedad de continuidad absoluta del manto de fluído primordial. <u>A través de los elementos absolutos de sustancia primordial y de su frecuencia quedan conectados todos los puntos dentro de la Unidad Existencial, y cerrados todos los lazos que se puedan imaginar.</u>**

# Analogía Partícula Universal-RLC

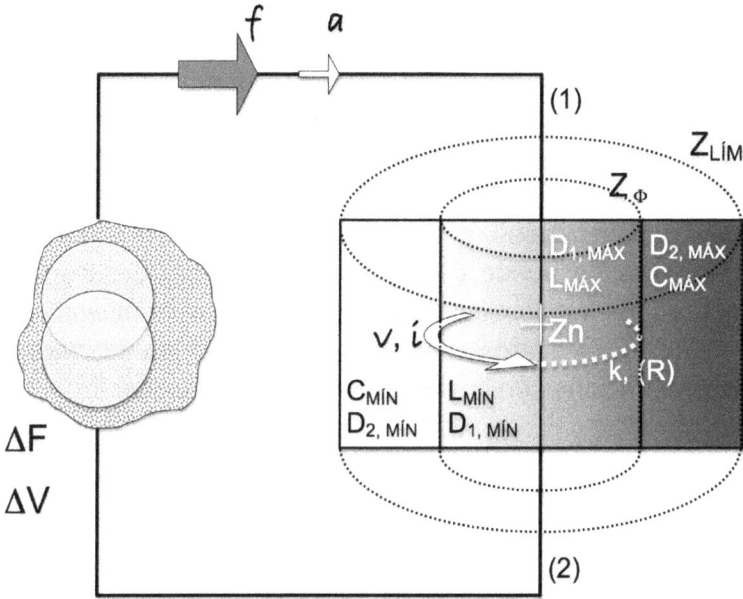

**Figura V.**
**Sustento de la oscilación natural.**

Esta ilustración permite ver que los subdominios $D_1$ y $D_2$ varían entre dos estados límites mínimo y máximo (izquierda y derecha respectivamente) y la circulación de una partícula a lo largo de la hebra primordial o hiperanillo h$\Phi$ genera la variación de su masa o densidad de asociación entre un mínimo y un máximo. Esto es lo que ocurre en la Tierra a la frecuencia de orbitación alrededor del Sol; a otra frecuencia, dada por la rotación sobre sí misma; y a otra más, por la rotación del sistema *Tierra-Luna*.

Esta estructura interactúa con otra polar, no mostrada, por lo que se establece la *Unidad Resonante Primordial* de la que resulta la circulación del entorno de convergencia, el subdominio material a lo largo de la hebra h$\Phi$, Figura I.

**¡ATENCIÓN!**

La oscilación natural se sustenta porque cuando dos subdominios materiales recíprocos (L y C; o $D_1$ y $D_2$) convergen y alcanzan la misma velocidad, las aceleraciones son diferentes en otros subdominios primordiales, por lo que el paso por velocidades opuestas iguales no puede detenerse sino que sigue por inercia hasta que en los subdominios primordiales ocurre lo mismo, ahora con velocidades diferentes en el subdominio material para las mismas aceleraciones en los subdominios primordiales.

# Sistema Mecánico Clásico
# de Segundo Orden

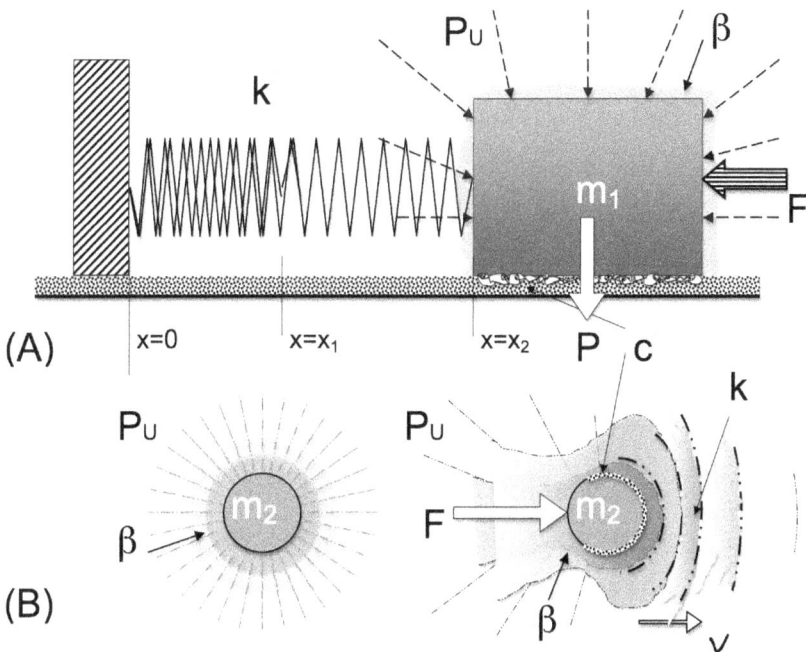

(A)

x=0   x=x₁   x=x₂

(B)

**Figura VI.**

**Caso (A).**

Sobre un cuerpo de masa $m_1$ y peso P se ejerce una fricción con un coeficiente $\underline{c}$ al moverse hacia la izquierda sobre la superficie horizontal de apoyo cuando se aplica una fuerza horizontal F a la derecha del cuerpo;

y se desplaza el cuerpo comprimiendo el resorte de constante $\underline{k}$ desde la posición $x_2$ a la posición $x_1$.

[No tenemos en cuenta la presión de la atmósfera (o el *poten-*

*cial universal $P_U$*) sobre el cuerpo].

La fuerza a aplicar es,

$$F = m_1.a + c.v + k.(x_2-x_1) \qquad [1]$$

considerando a $x_1$ como referencia y $x=x_2-x_1$, reescribimos,

$$F = m_1.dv/dt + c.v + k.x \qquad [2]$$

$$F = m_1.dv/dt + c.v + k. \int v.dt \qquad [3]$$

## Caso (B).

Detalle inferior izquierdo.

Una partícula presente en el manto energético genera un *entorno de inserción* con una redistribución radial hacia ella; es el campo "gravitatorio" de la partícula.

**Toda asociación de sustancia primordial conforma un arreglo trinitario, una estructura en tres dimensiones energéticas en el entorno del manto universal en el que se halla inmersa.**

**No estamos acostumbrados a visualizar el hiperespacio multidimensional, pero la superficie del cuerpo material es la estructura de convergencia del movimiento interno y el de todo el exterior, de todo el universo. La convergencia genera la superficie de cierre del material (durante el proceso UNIVERSO, proceso a nuestro alcance), que luego es la componente "constante" de la estructura de cir-**

culación; superficie sobre la que se ponderan las interacciones entre las redistribuciones internas generadas por los cambios externos (por ejemplo, al cambiar la temperatura exterior se redistribuye el interior, y aumenta de volumen; y la superficie comienza a pulsar hasta hacerse visible si la temperatura es alta).

Detalle inferior derecho.
La fuerza a aplicar no es solamente para vencer la inercia del móvil asociada con su masa $m_2$.

Al aplicar una fuerza F, el entorno de inserción se modifica y es desplazado junto a la partícula a la misma velocidad v. Ese desplazamiento exige una fuerza adicional sobre el medio energético, sobre la atmósfera que se comporta como un amortiguador con una constante k por la compresión del aire en el frente del móvil.

La diferencia de los mecanismos asociados a la fricción sobre la superficie de la partícula y la redistribución del entorno de inserción se muestra en las constantes de tiempo de uno y otro, aunque usualmente tomamos a ambos como fricción.

**Entendemos que la fuerza F es la *fuerza universal*, o mejor, un cambio de la configuración espacial del *potencial universal $P_U$* en la que se encuentra inmerso el móvil.**

**El desplazamiento del móvil tiene lugar a lo largo de una hebra energética siempre cerrada pues es parte de un hiperespacio absoluto, eternamente cerrado. *La fuerza que aplicamos es siempre un cambio de la fuerza natural*, del campo natural, sobre un entorno de alguna hebra primordial a la que pertenece ese punto del hiperespacio en el que se encuentra inmerso el móvil. De manera que aunque generamos un desplazamiento finito, éste es un cambio sobre una hebra pri-**

mordial cerrada en la dimensión fundamental del manto energético.

## Ecuación diferencial de la pulsación de una partícula de masa $m_2$.

Es análoga a la de una configuración RLC en paralelo.

L, R y C en el subespectro electromagnético, o $D_1$, $k^{(*)}$ y $D_2$ en el subespectro mecánico para cuerpos materiales, son integrales de distribuciones espaciales cuyos gradientes relativos son de diferentes órdenes de magnitudes que se ponen de manifiesto por las rapideces de redistribuciones de *potencial universal* a las que dan lugar: ($\int V.dt$; V; dV/dt) o ($\int P_U.dt$; $P_U$; $dP_U/dt$, respectivamente.

(*)
Aquí k es cantidad de circulación, no es la constante del resorte.

## ¡ATENCIÓN!

## Isomorfismo de las funciones energéticas.

Debemos tener cuidado de no confundirnos al plantear las configuraciones análogas de resonancia. La confusión se debe a la propiedad de isomorfismo de las funciones energéticas que se conservan bajo diferentes configuraciones espaciales que se extienden sobre diferentes dimensiones energéticas del hiperespacio multidimensional de naturaleza binaria.

# Ecuaciones Diferenciales

# Configuraciones Paralelo y Serie Universales

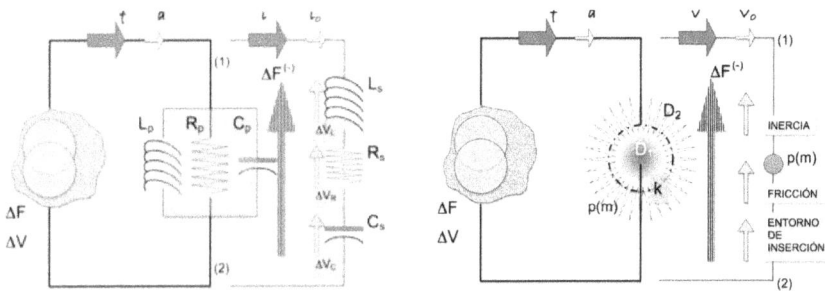

**Figura VII.**
Configuraciones en paralelo y en serie para una partícula p de masa m, p(m).

### (I). Configuración en paralelo.

La configuración en paralelo de la partícula p(m) (a la izquierda de la figura derecha) corresponde a la interacción entre la partícula y el manto energético.

### (II). Configuración en serie.

La configuración en serie de la partícula p(m) (a la derecha de la figura derecha) corresponde al desplazamiento de la partícula en una hebra del manto energético.

Debe reconocerse que la configuración RLC en paralelo es la de un sistema cerrado en tres subespectros energéticos que por isomorfía puede tomar la configuración discreta para el subespectro electromagnético (ELM), o de un entorno trinitario como el sistema *partícula-manto energético* en el que la interacción entre $D_1$ y $D_2$ análogos a L y C tiene lugar a través de la estructura de circulación k análoga a la resistencia R; interacción que es muy obvia en la configuración serie pues es para una sola dirección espacial. **R determina un valor medio sobre el que ocurren las variaciones positivas y negativas con respecto a ese valor medio; la variación sobre la estructura k, en el caso de la Unidad Existencial, origina los subdominios de energía y energía oscura** [Refs.(A).3 y 4].

En ambos casos la <u>velocidad es la variable dependiente</u>.

Velocidad es la relación primordial entre *masa y frecuencia* (y luego entre espacio y tiempo), entre las dos componentes de la unidad primordial de energía, de la cantidad de carga o de rotación que se define por la asociación del número de partículas (es una sola en el caso primordial) y sus frecuencias de rotaciones.

Recordemos que la *hebra energética y operacional primordial* nos suministra el cambio de rapidez ante el cambio en los parámetros de interacciones, y nos da la base de la función que relaciona el cambio de rapideces en las diferentes versiones de las configuraciones de intercambio energético.

Veamos.

Velocidad es rapidez (el flujo) de transferencia de cargas binarias, de unidades de rotación o unidades de energía; pero cambia la configuración del campo de fuerzas que interactúa sobre la geometría de la partícula, de la asociación trinitaria que la define.

NOTA.
Necesitamos revisar nuestras definiciones de *fuerza, potencial y momento*, y sus relaciones.

La <u>*fuerza*</u>, la integral del gradiente de unidades de rotación, de unidades de energía actuando sobre la partícula p(m), se pondera por su capacidad de flujo de cargas por unidad de tiempo, es decir, como *potencial universal*. Así, el flujo es una rapidez de transferencia de energía, compatible con el movimiento que se observa: la pulsación de la partícula en el caso (I), o el desplazamiento de la partícula en el caso (II). Ese flujo en una dimensión energética se pondera por su efecto, por el movimiento observado en otra dimensión, en la nuestra.

*Potencial* es flujo de energía para generar el movimiento que observamos y lo ponderamos por unidad de tiempo sobre el cambio del movimiento o de la posición espacial de la partícula p(m) en observación.

La cantidad de movimiento, el *momento* M=m.v, es la **cantidad de movimiento instantánea** del objeto de masa m con respecto a la cantidad de movimiento previa, o con respecto a la de otro objeto presente en el mismo entorno energético, ponderada frente a una cantidad de movimiento de referencia.

Luego,

la *variable dependiente* para evaluar el potencial es la *velocidad*, y lo que evoluciona o se cambia es la configuración espacial sobre la que se redistribuye el flujo de cargas desde la fuente; cambia la *configuración de impedancia Z (o admitancia Y) en paralelo o en serie*.

**El caso (I) es una configuración de interacción en todas las direcciones radiales hacia, y desde la partícula p(m).**
La velocidad v de redistribución del potencial (o de la fuerza) es,

$$v = P_U/Z_{PAR} = P_U.Y_{PAR} \qquad [1]$$

**El caso (II) es una configuración de interacción en una dirección preferencial, la de desplazamiento.**
La velocidad de redistribución del potencial se pondera por la velocidad relativa del móvil que causa la redistribución del potencial en la dirección del móvil; esa velocidad relativa es,

$$v = P_U/Z_{SER} \qquad\qquad [2]$$

donde $Z_{PAR}$ y $Z_{SER}$ son las impedancias en paralelo y en serie de la configuración de interacciones *partícula-manto energético* a través de las que se redistribuye el *potencial universal* $P_U$.

**NOTA.**
**$P_U$ en [1] y [2] son diferentes.**
En [1], $P_U$ es el cambio del potencial en todas las direcciones radiales hacia la partícula; en [2], $P_U$ es simplemente el cambio del potencial en la dirección de desplazamiento.

Por lo tanto,
para la configuración en paralelo es,

$$v = (1/m).\int P_U.dt + (1/c).P_U + (1/k).(dP_U/dt) \qquad\qquad [3]$$

y para la configuración serie es,

$$P_U = (m.dv/dt) + (c.v) + (k.\int v.dt) \qquad\qquad [4]$$

El efecto del potencial universal $P_U$ en el caso en paralelo se pondera sobre el hiperanillo ecuatorial de la partícula y por el *factor $Q_P$ de calidad de resonancia* del sistema *partícula-manto energético*.

Los factores de resonancia para las configuraciones en paralelo en los subespectros electromagnético (ELM) o mecánico (MEC) son,

$$Q_{P(ELM)} = R/(2\pi.f.L) = 2\pi.f.RC = R.(C/L)^{1/2} \qquad\qquad [5]$$

$$Q_{P(MEC)} = c/(2\pi.f.m) = 2\pi.f.c/k = c.[1/(k.m)]^{1/2} \qquad\qquad [6]$$

# AUTOR

Juan Carlos Martino es Ingeniero Electricista Electrónico gradua-
do en la Universidad Nacional de Córdoba, Argentina.

Inició su actividad profesional en Área Material Córdoba de la
Fuerza Aérea Argentina, en la Sección Electrónica de la Fábrica
Militar de Aviones, antes de buscar nuevas experiencias de vida,
primero en Venezuela, donde trabajó en la Refinería de Amuay de
Lagoven, Petróleos de Venezuela, y luego en Texas y Colorado,
en los Estados Unidos.

Juan y Norma, su esposa, viven actualmente en San Antonio,
Texas, luego de pasar casi once años en Longmont, Colorado,
donde Juan terminó de prepararse para participar al mundo la experiencia de su encuentro con Dios, con el Origen Absoluto, el
Proceso Existencial Consciente de Sí Mismo, que tuvo lugar en
Sugar Land, Texas, el 4 de Julio de 2001. Esta preparación tuvo
lugar en interacción íntima con Dios en sus exploraciones de los
glaciares de Colorado, en el Parque Nacional de las Montañas
Rocosas, luego de haberse movido a Colorado con este propósito
en Marzo de 2003.

Juan y Norma tienen tres hijos, Mariano, Omar y Carlos.

Desde muy pequeño Juan sintió atracción por la lectura primero, que le abría su imaginación, luego por la electrónica, que le
permitiría más adelante, por su interés particular por las aplicaciones elementales de circuitos resonantes, tener la experiencia que
necesitaría para trabajar con las orientaciones primordiales que
recibió de Dios, para finalmente entender el proceso existencial y
consolidar las leyes energéticas por el *Principio de Armonía* que
rige la evolución del proceso de recreación del universo a partir
del fenómeno temporal que la ciencia reconoce como Big Bang.

Esta consolidación coherente y consistente de las leyes energéticas en todos los entornos locales y temporales del universo es lo que nos permite tener el *Modelo Cosmológico Consolidado,* que describe la Unidad Existencial de la que nuestro universo es un entorno temporal que se recrea periódicamente por un proceso al alcance de todos. Este modelo consolida los dos dominios de la existencia, el dominio material que se alcanza con los sentidos del ser humano y la instrumentación que ha desarrollado, y el dominio espiritual o primordial en el que se halla inmerso el material y que se alcanza a través de la mente. Este *Modelo Cosmológico Consolidado* resuelve los dos retos racionales más grandes de la especie humana en la Tierra, científico uno, el *Origen y Evolución de Nuestro Universo*, y teológico el otro, la *Estructura Energética de la Trinidad Primordial* que la cristiandad reconoce como Padre, Hijo, y Espíritu Santo.

Si desea contactar a Juan Carlos Martino puede hacerlo por e-mail a la siguiente dirección,

jcmartino47@gmail.com

# APÉNDICE

## Otros Libros y Proyectos

## La relación entre Dios y ser humano,
## y nuestra interacción íntima, particular, consciente,
## con Él

REFERENCIAS (A).

Títulos disponibles en Amazon.com, Inc.

1.
ANUNCIO.
PARA TODOS LOS SERES HUMANOS, Y CIENTÍFICOS, TEÓLOGOS Y LÍDERES DE LA CIVILIZACIÓN DE LA ESPECIE HUMANA EN LA TIERRA.

JUAN CARLOS MARTINO

LA SEÑAL

REVOLUCIÓN EN EL PARADIGMA CIENTÍFICO Y TEOLÓGICO DE LA ESPECIE HUMANA EN LA TIERRA

¿QUÉ LE RESUELVE AL SER HUMANO COMÚN?

LA SEÑAL.
Revolución en el paradigma científico y teológico de la especie humana en la Tierra.

**¿Está todo realmente al alcance de todos?**

**¿Para qué?**

**¿Qué nos resuelve?**

**¿Qué tanto hay a nuestra disposición?**

- Origen de Dios, el Universo y el Ser Humano.
- *Modelo Cosmológico Unificado Científico-Teológico.*
- Relación energética entre los procesos ORIGEN, UNIVERSO y SER HUMANO.
- *Marco de Referencia Primordial.*
- Hebra Energética y Operacional Primordial.
- La Relación Primordial entre espacio y tiempo.
- *Principio Primordial de Armonía.*
- Teoría Unificada.
- Sistema Termodinámico Primordial.
- TRINIDAD PRIMORDIAL.

**2.**

**Título especial para todos, las redes sociales y los medios de comunicación.**

**El Origen de Dios, el Universo y el Ser Humano.**

**Evidencia racional, confirmada científicamente, experimentada en el proceso SER HUMANO.**

*¿Origen Absoluto... realmente absoluto?*

Sí. ¿Qué más absoluto que el origen de TODO LO QUE ES,

TODO LO QUE EXISTE, y de Todo Lo Que Experimentamos; el Origen de Dios, el Universo y el Ser Humano?

Finalmente la especie humana en la Tierra tiene a su alcance el *Modelo Cosmológico Unificado Científico-Teológico* que describe el proceso existencial consciente de sí mismo, Dios, y su relación con el universo y el ser humano, partiendo desde el Origen Absoluto de TODO LO QUE ES, TODO LO QUE EXISTE, y de Todo Lo Que Experimentamos.

*¿Modelo Cosmológico Unificado Científico-Teológico?*

*¿Una Teoría de Todo?*

*¿Qué le resuelve esto a la ciencia, y qué a la civilización de la especie humana en la Tierra?*

**3.**
**Título especial para la Ciencia.**

**La Teoría de Todo.**
**Modelo Cosmológico Unificado Científico-Teológico.**
Introducción del *Principio Primordial* que rige el proceso existencial consciente de sí mismo, Dios, del que se derivan nuestras leyes locales; principio exhaustivamente confirmado por la fenomenología energética universal y por las replicaciones y aplicaciones desarrolladas por la ciencia.

Versión especialmente dirigida a los jóvenes que se introducen a las ciencias.

**4.**

**Antes del Big Bang.**

**Quebrando las barreras de tiempo y espacio.**

El triunfo del raciocinio humano.

Entrando a la mente de Dios, del proceso existencial consciente de sí mismo que dio lugar al proceso UNIVERSO en el evento del Big Bang.

Nuestra primera aproximación a la presencia eterna de la que se origina Todo Lo Que Es, Todo Lo Que Existe.

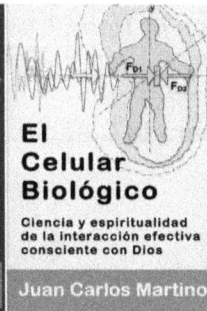

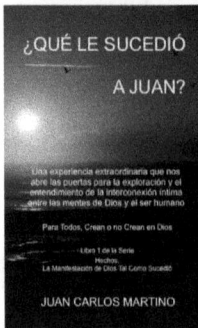

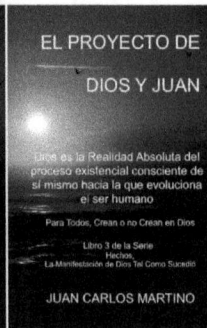

**5.**

*Con Corazón de Niño.*

*Dios, Tú y Yo, Compañeros en el Juego de la Vida.*

Guía para la creación de un propósito o la experiencia de vida que se desea.

Si estabas buscando un *"Manual del Juego de la Vida"* para ayudarte a crear la experiencia que deseas, realizar la mejor versión de ti mismo a la que alcanzas a visualizar, o crear un propósito para la circunstancia de vida en la que te encuentras ahora o en la que fuiste dado a esta manifestación de vida temporal, este libro podría ser ese "manual" válido para todos.

## 6.
## El Celular Biológico.
## Ciencia y Espiritualidad de la Interacción Efectiva Consciente con Dios.

¿Quién no desea visualizar la conexión energética real entre Dios y el ser humano, o entre el proceso ORIGEN y el proceso SER HUMANO?

Finalmente, podemos visualizar ambas cosas, y más, mucho más. Podemos "introducirnos" en el mismo proceso en el que estamos inmersos y explorarlo cuánto deseemos. Pero más que nada, podemos establecer y cultivar una interacción íntima consciente efectiva con Dios, o con el proceso ORIGEN, para experimentar plenamente nuestra naturaleza creadora de potencial ilimitado desde, e independientemente de las circunstancias temporales en las que nos encontremos.

## 7.
## Dios,
## Consciencia Universal.
## Origen y realización del concepto Dios en la especie humana en la Tierra.

Nuestra alma, siendo parte de la estructura primordial que nos establece y sustenta como una manifestación temporal del proceso SER HUMANO eterno, reconoce el pensamiento del proceso ORIGEN del que provenimos y somos partes inseparables; y cuando la *identidad cultural temporal* del proceso SER HUMANO está

---

lista, responde a ese reconocimiento del alma. Visualizaremos la conexión energética real que nos permite la interacción por la que resulta nuestra consciencia de Dios a partir de ese reconocimiento.

**8, 9 y 10.**
**Libros de la Serie,**
*Hechos, La Manifestación de Dios Tal Como Sucedió.*
    Libro 1, *¿Qué le Sucedió a Juan?*
    Libro 2, *El Regreso a la Armonía,*
    Libro 3, *El Proyecto de Dios y Juan.*
    Estos libros cubren la extraordinaria experiencia de Juan por la que se le abrieron *"las Puertas del Cielo"* y a través de las cuales pasó a otra dimensión existencial, a otra dimensión de la Realidad Existencial. De allí nos trae Juan el mecanismo primordial que rige la interacción íntima consciente con Dios, con el proceso ORIGEN del que provenimos y somos partes inseparables, y las orientaciones e información que necesita el ser humano para alcanzar y entender las respuestas a las inquietudes fundamentales de la especie humana en la Tierra, tener la experiencia de vida que desea, y realizar la mejor versión de sí mismo que alcanza a visualizar.

    El autor puede ser contactado a través de e-mail,
    jcmartino47@gmail.com

    Los otros libros del autor listados a continuación se encuentran en versiones de trabajo [doc.] y copias en proceso de revisión. Posteriormente serán preparados en los formatos 6"x9" para su publicación.
    Se espera tener el libro 1 del apartado B.(I), *Diosiño, Dos Mil Años Después,* listo y a disposición de los lectores a finales del segundo semestre de este año 2016.
    Los otros libros B.(I).2 y 3, y particularmente los del apartado B.(II) debido a sus extensiones,

*¡Yo Soy Feliz!, Bioelectrónica de las Emociones,* vls. 1 y 2, serán comenzados a revisar a finales de este presente año 2016 año y publicados en una primera versión en formato PDF 8.5"x11" para ponerlos pronto a disposición de los interesados. U-na segunda versión en formato 6"x9" se preparará y publicará algo más adelante, y otras versiones para su distribución gratuita.

REFERENCIAS (B).

(I).
Para todos.

1.
*Diosiño, Dos Mil Años Después.*
**Alcanzando por ti mismo las respuestas que el mundo no puede darle a tu corazón de niño.**

2.
**Recreación del Universo.**
**Modelo Mecánico Racional del proceso de re-energización de la Unidad Existencial y de transferencia de la información de vida.**
*Realización de la Teoría de Todo y el Modelo Cosmológico U-nificado Científico-Teológico.*

**3.**
**La Alberca del Cielo.**
**Una exploración inusual de los bellos glaciares del Parque Nacional de las Montañas Rocosas en Colorado.**

**(II).**
**Primera aproximación al *Modelo Cosmológico Consolidado*,**

**4.**
***¡Yo Soy Feliz!***
***Bioelectrónica de las Emociones, Vols. 1 y 2.***
[Estos libros son una recopilación de las primeras reflexiones que complementaron las que dieron lugar a los libros de **Hechos, La Manifestación de Dios Tal Como Sucedió** en referencia al proceso existencial y nuestra relación energética con él, y a nuestro mundo que es como es].
**Ciencia y Espiritualidad de las Emociones,**
**Al alcance de todos, para todos los intereses del quehacer humano.**

**Dios, proceso existencial consciente de sí mismo, ¡es real dentro nuestro!**

**Hoy podemos explorar la inseparable presencia de Dios en la trinidad energética que nos define y el proceso existencial que está codificado en la estructura ADN de la especie humana.**

Origen de las emociones en los arreglos biológicos de la especie humana y su función en el control por sí mismo, de sí mismo del ser humano, para el desarrollo de su consciencia, de entendimiento del proceso existencial, la vida, para experimentar, sana y felizmente, la realización de sus deseos y creaciones; y

una motivación íntima, personal, individual, particular, a explorar el proceso existencial del que provenimos, y del que somos partes inseparables, para entender nuestra función y propósitos, individual y colectivo, en él, a través de él, frente a cualquier y todas las circunstancias de vida por las que nos toque pasar.

Volumen 1.
**El Ser Humano es una individualización del Proceso Existencial del que proviene a *imagen y semejanza*.**
Volumen 2.
*¡Yo Soy!*
*El Creador de Mi Realidad.*

# AGRADECIMIENTO

A Dios, por haber estimulado el reconocimiento de Su presencia en mí, y guiar mis interacciones con Él para iniciar la fantástica exploración de Su estructura energética, la vinculación con la del ser humano, el mecanismo de recreaciones de Sí Mismo de Dios a través del ser humano y la transferencia de la información de vida, y el protocolo de interacciones para entender y hacer realidad el concepto de eternidad desde aquí, en la Tierra y ahora;

A todos con quienes me he cruzado e interactuado en esta manifestación de vida, junto a los que he ido experimentando quién deseaba ser al principio de este camino temporal, y más tarde Quién soy en la eternidad;

A mi esposa y compañera de vida, por ayudarme a hacer realidad esta participación; y a nuestros hijos, por permitirnos experimentarnos y disfrutar como padres y continuar creciendo como unidad de recreación de vida;

A todo el resto del mundo, todos, sin excepción, y sus eventos, por los que he podido ir redefiniendo mi identidad cultural temporal en armonía con mi identidad primordial eterna, infinita, incondicionada, irrestricta e ilimitada excepto por la Unidad Absoluta de la que todos somos partes inseparables.

www.ingramcontent.com/pod-product-compliance
Lightning Source LLC
Chambersburg PA
CBHW060613200326
41521CB00007B/763